人は、
変えて
ゆく人
だ。

目の前にある問題はもちろん、

人生の問いや、

社会の課題を自ら見つけ、

挑み続けるために、人は学ぶ。

「学び」で、

少しずつ世界は変えてゆける。

いつでも、どこでも、誰でも、

学ぶことができる世の中へ。

旺文社

数学II・B+ベクトル
単問ターゲット
337 四訂版

木部陽一

旺文社

■ INTRODUCTION

　高校生，大学受験生のみなさん，こんにちは．

　本書は，高等学校の「数学Ⅱ」，「数学B」，「ベクトル」について，定期試験および共通テスト対策用，そして国公立大2次・私立大入試の基礎固めとして編集されました．

　また，ご存じと思いますが，すでに出版されている「**数学Ⅰ・A 単問ターゲット 334**」の姉妹本です．

　数学は，得点しにくい教科であると思われるかもしれませんが，本当は簡単にしかも確実に得点できる教科なのです．でも，今までに数学の試験で悪い点を取って，やる気が失せたり，自己嫌悪に陥ったりした経験はありませんか．原因はいろいろ考えられますが，最も大きな原因は

準備不足，練習不足

なのです．

　高等学校の数学は，決してやさしくありません．しかも，教科書の内容だけでも膨大なものがあります．

　しかし，

試験に出される内容は，決まっている

のです．

　この本は，
　　　　試験に最も出やすい内容を精選
して配列してあります．

　オードブルもデザートも省いて **メインディッシュ**だけをいきなり味わってください．それが，定期試験そして入学試験を無理なく克服する
　　　　　　　　最短コース
だからです．

　入学試験の準備は，先手必勝です．

　この本を手に取ったみなさんは，たった今さっそくスタートを切ってください．

　丸暗記 するくらい，この本をくり返し読んでください．

　それでは，高校数学の最速コースにご案内しましょう．

●著者紹介

木部　陽一 (きべ　よういち)
群馬県前橋市生まれ．県立前橋高等学校，東京大学理学部数学科を卒業．現在，開成中学校・高等学校教諭．高校数学の教科書の執筆者でもあり，多方面で活躍されています．

□ CONTENTS

STANDARD EXERCISE

How to use this book

本書は CORE EXERCISE と STANDARD EXERCISE の2部構成になっています.

■CORE EXERCISE

高校数学の「核」となる基本問題の全パターン.

教科書の例題,練習問題のレベルです.

定期試験で頻繁に出題されます.

問題と解法を確実に覚え,理解してください.

■STANDARD EXERCISE

入試によく出る標準問題.

融合問題など難易度の高い問題を攻略するための基本技法を習得できます.

使用法① 英単語のように暗記する必要はありません.左ページの問題を読んですぐに右ページの解答の骨格が頭に浮かぶようにしてください.つまり,

「問題を見る」→「解答の手順が頭に浮かぶ」

ということが即座にできるようになるまで使い込んでください.

使用法② 時間のない人は,問題と解答を丸暗記してしまいましょう.ただし,公式や解答がきちんと納得できない場合は,教科書などで必ず確認してください.

使用法③ 数学に自信のある人は,確認テストとして使ってください.短時間で全パターンの総復習ができます.

CORE

EXERCISE

II · B 251

MATHEMATICS

1 3次式の展開・因数分解

1
□

次の式を展開しなさい.
(1) $(x+2y)^3$　　　(2) $(3x-2y)^3$

方針 公式を利用して展開する.
▶ $(a+b)^3 = a^3 + 3a^2b + 3ab^2 + b^3$
　 $(a-b)^3 = a^3 - 3a^2b + 3ab^2 - b^3$

2
□

次の式を展開しなさい.
(1) $(a+b+c)(a^2+b^2+c^2-ab-bc-ca)$
(2) $(a+b)^3(a-b)^3$

方針 (1)は,順序よく展開して整理する.
　　　(2)は,積の順序をくふうする.
▶ $A^3B^3 = (AB)^3$
(参考) (1)の結果は,因数分解公式として利用する.
　　　　覚えておくとよい.

3
□

次の式を因数分解しなさい.
(1) x^3+8y^3　　(2) $64x^3-27y^3$　　(3) $24a^3-81b^3$

方針 (1),(2)は,公式を利用して因数分解する.
　　　(3)は,まず,3をくくり出す.
▶ $a^3+b^3 = (a+b)(a^2-ab+b^2)$
　 $a^3-b^3 = (a-b)(a^2+ab+b^2)$

4
□

次の式を因数分解しなさい.
(1) a^6-b^6　　(2) c^6-7c^3-8
(3) $x^3+y^3-z^3+3xyz$

方針 (1),(2)は,$a^6=(a^3)^2$ などを利用する.
　　　(3)は,問題2の(1)の結果を利用する.
▶ 　$a^3+b^3+c^3-3abc$
　 $= (a+b+c)(a^2+b^2+c^2-ab-bc-ca)$

1

(1) 与式 $= x^3 + 3 \cdot x^2 \cdot 2y + 3 \cdot x \cdot (2y)^2 + (2y)^3$
$= x^3 + 6x^2y + 12xy^2 + 8y^3$

(2) 与式 $= (3x)^3 - 3 \cdot (3x)^2 \cdot 2y + 3 \cdot 3x \cdot (2y)^2 - (2y)^3$
$= 27x^3 - 54x^2y + 36xy^2 - 8y^3$

2

(1) 与式 $= a^3 + ab^2 + ac^2 - a^2b - abc - a^2c$
$\qquad + a^2b + b^3 + bc^2 - ab^2 - b^2c - abc$
$\qquad + a^2c + b^2c + c^3 - abc - bc^2 - ac^2$
$= a^3 + b^3 + c^3 - 3abc$

(2) 与式 $= \{(a+b)(a-b)\}^3 = (a^2 - b^2)^3$
$= (a^2)^3 - 3 \cdot (a^2)^2 \cdot b^2 + 3 \cdot a^2 \cdot (b^2)^2 - (b^2)^3$
$= a^6 - 3a^4b^2 + 3a^2b^4 - b^6$

3

(1) 与式 $= x^3 + (2y)^3 = (x + 2y)\{x^2 - x \cdot 2y + (2y)^2\}$
$= (x + 2y)(x^2 - 2xy + 4y^2)$

(2) 与式 $= (4x)^3 - (3y)^3 = (4x - 3y)\{(4x)^2 + 4x \cdot 3y + (3y)^2\}$
$= (4x - 3y)(16x^2 + 12xy + 9y^2)$

(3) 与式 $= 3(8a^3 - 27b^3) = 3\{(2a)^3 - (3b)^3\}$
$= 3(2a - 3b)\{(2a)^2 + 2a \cdot 3b + (3b)^2\}$
$= 3(2a - 3b)(4a^2 + 6ab + 9b^2)$

4

(1) 与式 $= (a^3)^2 - (b^3)^2 = (a^3 + b^3)(a^3 - b^3)$
$= (a + b)(a^2 - ab + b^2) \cdot (a - b)(a^2 + ab + b^2)$
$= (a + b)(a - b)(a^2 + ab + b^2)(a^2 - ab + b^2)$

(2) 与式 $= (c^3)^2 - 7c^3 - 8 = (c^3 + 1)(c^3 - 8)$
$= (c + 1)(c^2 - c + 1) \cdot (c - 2)(c^2 + 2c + 4)$
$= (c + 1)(c - 2)(c^2 - c + 1)(c^2 + 2c + 4)$

(3) 与式 $= x^3 + y^3 + (-z)^3 - 3xy \cdot (-z)$
$= \{x + y + (-z)\}\{x^2 + y^2 + (-z)^2 - xy - y \cdot (-z) - (-z) \cdot x\}$
$= (x + y - z)(x^2 + y^2 + z^2 - xy + yz + zx)$

2 二項定理

5 右のパスカルの三角形を完成しなさい.

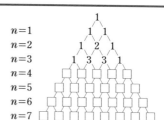

$n=1$
$n=2$
$n=3$
$n=4$
$n=5$
$n=6$
$n=7$

---

6 次の値を求めなさい.
(1) $(x+2)^8$ を展開したときの x^5 の係数
(2) $\left(x^2-\dfrac{3}{x}\right)^7$ を展開したときの x^2 の係数および定数項

方針 (1) 二項定理を利用して，まず一般項を求める.
(2) $\left\{x^2+\left(-\dfrac{3}{x}\right)\right\}^7$ と考えて，まず一般項を求める.

---

7 $(a+2b-3c)^6$ を展開したときの a^3b^2c の係数を求めなさい.

方針 $\{(a+2b)+(-3c)\}^6$ と考えて一般項を求める.
▶多項定理を用いてもよい.

一般項は $\dfrac{6!}{p!\,q!\,r!}\cdot a^p\cdot(2b)^q\cdot(-3c)^r$
$=\dfrac{6!}{p!\,q!\,r!}\cdot 2^q\cdot(-3)^r\cdot a^pb^qc^r$

---

8 二項定理を利用して，次の値を求めなさい.
(1) ${}_8C_0+{}_8C_1+{}_8C_2+{}_8C_3+{}_8C_4+{}_8C_5+{}_8C_6+{}_8C_7+{}_8C_8$
(2) ${}_8C_0-{}_8C_1+{}_8C_2-{}_8C_3+{}_8C_4-{}_8C_5+{}_8C_6-{}_8C_7+{}_8C_8$
(3) ${}_8C_0+{}_8C_2+{}_8C_4+{}_8C_6+{}_8C_8$

方針 $(1+x)^8$ を展開してから，x に適当な数値を代入する.
▶(3)は(1)，(2)の結果を用いる.

5

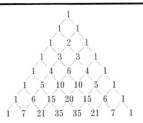

$n=1$
$n=2$
$n=3$
$n=4$
$n=5$
$n=6$
$n=7$

6　(1)　一般項は，$_8C_r \cdot x^{8-r} \cdot 2^r = {_8C_r} \cdot 2^r \cdot x^{8-r}$
　　　x^5 の係数は，$r=3$ として　$_8C_3 \cdot 2^3 = 56 \times 8 = \mathbf{448}$

(2)　一般項は，$_7C_r \cdot (x^2)^{7-r} \cdot \left(-\dfrac{3}{x}\right)^r = {_7C_r} \cdot (-3)^r \cdot x^{14-3r}$

　　$14-3r=2$　より　$r=4$
　　よって，x^2 の係数は　$_7C_4 \cdot (-3)^4 = 35 \times 81 = \mathbf{2835}$
　　また，$14-3r=0$ を満たす整数は存在しないので，定数項は **0** である．

7　$\{(a+2b)+(-3c)\}^6$ を展開したときの一般項は
$$_6C_r \cdot (a+2b)^{6-r} \cdot (-3c)^r$$
c の次数が 1 であるから，$r=1$
よって，$_6C_1 \cdot (a+2b)^5 \cdot (-3c) = -18 \cdot (a+2b)^5 \cdot c$
$(a+2b)^5$ を展開したときの一般項は　$_5C_s \cdot a^{5-s} \cdot (2b)^s$
b の次数が 2 であるから，　$s=2$
よって，$_5C_2 \cdot a^3 \cdot (2b)^2 = 40 a^3 b^2$
ゆえに，$a^3 b^2 c$ の係数は，　$40 \times (-18) = \mathbf{-720}$

8　$(1+x)^8 = {_8C_0} + {_8C_1}x + {_8C_2}x^2 + \cdots + {_8C_7}x^7 + {_8C_8}x^8$

(1)　与式 $=(1+1)^8 = 2^8 = \mathbf{256}$　　(2)　与式 $=(1-1)^8 = \mathbf{0}$

(3)　(1)，(2)より
$$_8C_0 + {_8C_1} + {_8C_2} + {_8C_3} + {_8C_4} + {_8C_5} + {_8C_6} + {_8C_7} + {_8C_8} = 256$$
$$_8C_0 - {_8C_1} + {_8C_2} - {_8C_3} + {_8C_4} - {_8C_5} + {_8C_6} - {_8C_7} + {_8C_8} = 0$$
辺々加えて　$2({_8C_0} + {_8C_2} + {_8C_4} + {_8C_6} + {_8C_8}) = 256$
ゆえに，　$_8C_0 + {_8C_2} + {_8C_4} + {_8C_6} + {_8C_8} = \mathbf{128}$

3 多項式の除法と分数式

9 多項式 A を多項式 B で割り，商と余りを求めなさい．
☐
(1) $A=x^3+5$, $B=x+2$
(2) $A=x^4-3x^3-5$, $B=x^2-2x-3$

方針 降べきの順に整理して，割り算を実行する．
▶ 項がないところはあけておく．
▶ 係数だけ書き並べて実行してもよい．

---

10 次の条件を満たす多項式 A を求めなさい．
☐
(1) 多項式 A を $x+4$ で割ると，商は x^2+3x-2，余り
は 5 である．
(2) x^4-2x^3 を多項式 A で割ると，商は x^2+x+1，余
りは $x-2$ である．

方針 商と余りの関係を用いる．
▶ $A=BQ+R$, R の次数 $<$ B の次数

---

11 次の計算をしなさい．
☐
$$\frac{x^2-25}{x^2-9} \div \frac{x^2+4x-5}{x^2-3x}$$

方針 分子・分母をそれぞれ因数分解して，約分する．
▶ $\dfrac{A}{B} \div \dfrac{C}{D} = \dfrac{A}{B} \times \dfrac{D}{C}$

---

12 次の計算をしなさい．
☐
$$\frac{2}{x^2-1}+\frac{2}{x^2+4x+3}$$

方針 分母を因数分解し，通分して計算する．
▶ $\dfrac{A}{PQ}+\dfrac{B}{QR}=\dfrac{AR+BP}{PQR}$

A   N   S   W   E   R

9

(1)

$$x+2 \overline{\smash{\big)}\ x^3 \qquad\qquad +5}$$

商　x^2-2x+4
余り　-3

計算:
$$\begin{array}{r} x^2-2x+4 \\ x+2\ \overline{\smash{\big)}\ x^3\qquad\quad+5} \\ \underline{x^3+2x^2\qquad\ } \\ -2x^2 \\ \underline{-2x^2-4x\ } \\ 4x+5 \\ \underline{4x+8} \\ -3 \end{array}$$

(2)

$$\begin{array}{r|rrrr} 1\ -2\ -3 & 1\ -3\quad 0\quad 0\ -5 \\ & \ \ 1\ -2\ -3 \\ \hline & -1\quad 3\quad 0 \\ & \ \ -1\quad 2\quad 3 \\ \hline & \qquad 1\ -3\ -5 \\ & \qquad 1\ -2\ -3 \\ \hline & \qquad\ \ -1\ -2 \end{array}$$

商　x^2-x+1
余り　$-x-2$

10

(1)　$A=(x+4)(x^2+3x-2)+5$
　　$=x^3+7x^2+10x-3$

(2)　$x^4-2x^3=A(x^2+x+1)$
　　　　　　　　$+(x-2)$

　　$A(x^2+x+1)$
　　$=x^4-2x^3-x+2$
　　右の割り算より
　　$A=x^2-3x+2$

$$\begin{array}{r} x^2-3x+2 \\ x^2+x+1\ \overline{\smash{\big)}\ x^4-2x^3\qquad -x\ +2} \\ \underline{x^4+x^3+x^2\qquad\quad} \\ -3x^3-x^2-x \\ \underline{-3x^3-3x^2-3x} \\ 2x^2+2x+2 \\ \underline{2x^2+2x+2} \\ 0 \end{array}$$

11

$$\frac{x^2-25}{x^2-9}\div\frac{x^2+4x-5}{x^2-3x}=\frac{x^2-25}{x^2-9}\times\frac{x^2-3x}{x^2+4x-5}$$

$$=\frac{(x+5)(x-5)}{(x+3)(x-3)}\times\frac{x(x-3)}{(x-1)(x+5)}=\frac{x(x-5)}{(x-1)(x+3)}$$

12

$$\frac{2}{x^2-1}+\frac{2}{x^2+4x+3}=\frac{2}{(x-1)(x+1)}+\frac{2}{(x+1)(x+3)}$$

$$=\frac{2(x+3)+2(x-1)}{(x-1)(x+1)(x+3)}=\frac{4(x+1)}{(x-1)(x+1)(x+3)}$$

$$=\frac{4}{(x-1)(x+3)}$$

(参考) 与式$=\left(\dfrac{1}{x-1}-\dfrac{1}{x+1}\right)+\left(\dfrac{1}{x+1}-\dfrac{1}{x+3}\right)$

$$=\frac{1}{x-1}-\frac{1}{x+3}=\frac{4}{(x-1)(x+3)}$$

4 複素数の計算

13 $\alpha=2+3i$, $\beta=4-5i$ のとき, 次の値を求めなさい.

(1) $\alpha+\beta$ (2) $\alpha-\beta$ (3) $\alpha\beta$ (4) $\dfrac{\beta}{\alpha}$

方針 文字式と同様に計算し, $i^2=-1$ を用いる.

▶ $\dfrac{\beta}{\alpha}$ を計算するには, 分子・分母それぞれに $\overline{\alpha}$ を掛ける.

▶ $\alpha=a+bi$ のとき, $\overline{\alpha}=a-bi$ (a, b は実数)
$\overline{\alpha}=a-bi$ を, $\alpha=a+bi$ の **共役複素数** という.

14 $(2+i)(x-3i)=11+yi$ を満たす実数 x, y を求めなさい.

方針 展開して, 両辺の実数部分, 虚数部分をそれぞれ比較する.

▶ a, b, c, d が実数のとき,
$a+bi=c+di \iff a=c$ かつ $b=d$

15 $\alpha=3+2i$, $\beta=4-i$ のとき, 次の値を求めなさい.

(1) $\overline{\alpha}\times\overline{\beta}$ (2) $\overline{\alpha\beta}$

方針 (1) $\overline{\alpha}$, $\overline{\beta}$ を求め, それらの積を計算する.
(2) $\alpha\beta$ を計算し, その共役複素数を求める.

$$\overline{\alpha+\beta}=\overline{\alpha}+\overline{\beta} \qquad \overline{\alpha-\beta}=\overline{\alpha}-\overline{\beta}$$
$$\overline{\alpha\beta}=\overline{\alpha}\cdot\overline{\beta} \qquad \overline{\left(\dfrac{\alpha}{\beta}\right)}=\dfrac{\overline{\alpha}}{\overline{\beta}}$$

16 次の(1)〜(5)の式が, 正しいかどうか判定しなさい.

(1) $\sqrt{4}\times\sqrt{-9}=\sqrt{4\times(-9)}$

(2) $\sqrt{-4}\times\sqrt{-9}=\sqrt{(-4)\times(-9)}$

(3) $\dfrac{\sqrt{-4}}{\sqrt{9}}=\sqrt{\dfrac{-4}{9}}$ (4) $\dfrac{\sqrt{4}}{\sqrt{-9}}=\sqrt{\dfrac{4}{-9}}$

(5) $\dfrac{\sqrt{-4}}{\sqrt{-9}}=\sqrt{\dfrac{-4}{-9}}$

方針 左辺, 右辺を別々に計算し, 一致するかどうかを確かめる.

▶ $a>0$ のとき, $\sqrt{-a}=\sqrt{a}\,i$

A N S W E R

13

(1) $\alpha+\beta=(2+3i)+(4-5i)=6-2i$

(2) $\alpha-\beta=(2+3i)-(4-5i)=-2+8i$

(3) $\alpha\beta=(2+3i)(4-5i)$
$=8-10i+12i-15i^2=8-10i+12i+15=23+2i$

(4) $\dfrac{\beta}{\alpha}=\dfrac{4-5i}{2+3i}=\dfrac{(4-5i)(2-3i)}{(2+3i)(2-3i)}=\dfrac{8-22i+15i^2}{4-9i^2}$
$=\dfrac{8-22i-15}{4+9}=\dfrac{-7-22i}{13}$

14

左辺 $=(2+i)(x-3i)=(2x+3)+(x-6)i$
右辺と比較して，　$2x+3=11$，$x-6=y$
ゆえに，　　$x=4$，$y=-2$

15

(1) $\overline{\alpha}\times\overline{\beta}=(3-2i)\times(4+i)=12+3i-8i-2i^2=14-5i$

(2) $\alpha\beta=(3+2i)(4-i)=12-3i+8i-2i^2=14+5i$
よって，$\overline{\alpha\beta}=14-5i$

16

(1) $\sqrt{4}\times\sqrt{-9}=2\times3i=6i$，$\sqrt{4\times(-9)}=\sqrt{-36}=6i$
よって，　　正しい.

(2) $\sqrt{-4}\times\sqrt{-9}=2i\times3i=-6$，$\sqrt{(-4)\times(-9)}=\sqrt{36}=6$
よって，　　正しくない.

(3) $\dfrac{\sqrt{-4}}{\sqrt{9}}=\dfrac{2i}{3}=\dfrac{2}{3}i$，$\sqrt{\dfrac{-4}{9}}=\sqrt{-\dfrac{4}{9}}=\dfrac{2}{3}i$
よって，　　正しい.

(4) $\dfrac{\sqrt{4}}{\sqrt{-9}}=\dfrac{2}{3i}=\dfrac{2i}{3i^2}=\dfrac{2i}{-3}=-\dfrac{2}{3}i$，
$\sqrt{\dfrac{4}{-9}}=\sqrt{-\dfrac{4}{9}}=\dfrac{2}{3}i$　　よって，　　正しくない.

(5) $\dfrac{\sqrt{-4}}{\sqrt{-9}}=\dfrac{2i}{3i}=\dfrac{2}{3}$，$\sqrt{\dfrac{-4}{-9}}=\sqrt{\dfrac{4}{9}}=\dfrac{2}{3}$
よって，　　正しい.

5 2次方程式と判別式

17 次の2次方程式を解きなさい.
(1) $2x^2-5x+4=0$　　(2) $3x^2+6x+5=0$

方針 解の公式の利用.

▶ $ax^2+bx+c=0$ の解は $x=\dfrac{-b\pm\sqrt{b^2-4ac}}{2a}$

　$ax^2+2b'x+c=0$ の解は $x=\dfrac{-b'\pm\sqrt{b'^2-ac}}{a}$

---

18 次の2次方程式の解を判別しなさい.
(1) $5x^2+7x+3=0$　　(2) $16x^2-24x+9=0$
(3) $3x^2-8x-2=0$

方針 判別式 $D=b^2-4ac$ の符号で判定する.

▶ $ax^2+2b'x+c=0$ の形の2次方程式については

$$\frac{D}{4}=b'^2-ac$$

の符号を調べればよい.

---

19 2次方程式 $x^2+(a+1)x+(2a+7)=0$ が重解をもつように実数 a の値を定めなさい. また, そのときの重解を求めなさい.

方針 重解をもつ条件は, $D=0$ である.

▶ $D=0$ より得られる a の2次方程式を解く.
　さらに, その値をもとの方程式に代入して重解を求める.

---

20 2次方程式 $x^2+(a+1)x+(2a+7)=0$ が実数解をもつための実数 a の値の範囲を求めなさい.

方針 実数解をもつ条件は, $D\geqq0$ である.

▶ $D\geqq0$ より得られる a の2次不等式を解く.

17

(1) $x=\dfrac{-(-5)\pm\sqrt{(-5)^2-4\times2\times4}}{2\times2}=\dfrac{5\pm\sqrt{-7}}{4}$

$=\dfrac{5\pm\sqrt{7}\,i}{4}$

(2) $x=\dfrac{-3\pm\sqrt{3^2-3\times5}}{3}=\dfrac{-3\pm\sqrt{-6}}{3}=\dfrac{-3\pm\sqrt{6}\,i}{3}$

18

(1) $D=7^2-4\times5\times3=49-60=-11<0$

よって，異なる2つの虚数解をもつ.

(2) $\dfrac{D}{4}=(-12)^2-16\times9=12^2-16\times9=0$

よって，重解をもつ.

(3) $\dfrac{D}{4}=(-4)^2-3\times(-2)=16+6=22>0$

よって，異なる2つの実数解をもつ.

19

$D=(a+1)^2-4\times1\times(2a+7)=a^2-6a-27$

$D=0$ より $\qquad a^2-6a-27=0$

$\qquad\qquad\qquad (a+3)(a-9)=0$

ゆえに， $\qquad\qquad a=-3,\ 9$

$a=-3$ のとき，$x^2-2x+1=0 \qquad (x-1)^2=0$

$\qquad\qquad$ 重解は，$x=1$

$a=9$ のとき，$x^2+10x+25=0 \qquad (x+5)^2=0$

$\qquad\qquad$ 重解は，$x=-5$

20

$D=(a+1)^2-4\times1\times(2a+7)=a^2-6a-27$

$D\geqq0$ より $\qquad a^2-6a-27\geqq0$

$\qquad\qquad\qquad (a+3)(a-9)\geqq0$

ゆえに

$\qquad\qquad a\leqq-3,\ 9\leqq a$

6 解と係数の関係

21 2次方程式 $3x^2+4x+7=0$ の解を α, β とするとき, 次の値を求めなさい.

(1) $\alpha+\beta$ (2) $\alpha\beta$ (3) $\alpha^2+\beta^2$ (4) $\alpha^3+\beta^3$

方針 解と係数の関係の利用.

> **解と係数の関係**
> 2次方程式 $ax^2+bx+c=0$ の解を α, β とすると
> $$\alpha+\beta=-\frac{b}{a}, \quad \alpha\beta=\frac{c}{a}$$

▶ $\alpha^2+\beta^2=(\alpha+\beta)^2-2\alpha\beta$, $\alpha^3+\beta^3=(\alpha+\beta)^3-3\alpha\beta(\alpha+\beta)$

---

22 和が2, 積が2となる2数を求めなさい.

方針 2数を α, β とおくと, $\alpha+\beta=2$, $\alpha\beta=2$ となる. 解と係数の関係の利用.

> **解と係数の関係の利用**
> $\alpha+\beta=p$, $\alpha\beta=q$ となる2数 α, β は, 2次方程式
> $$t^2-pt+q=0$$
> の解である.

---

23 $\dfrac{2+3i}{4}$, $\dfrac{2-3i}{4}$ を2つの解とする x の2次方程式で, x^2 の係数が16であるものを求めなさい.

方針 2数の和と積を求め, 解と係数の関係を利用する.

---

24 2次方程式 $x^2+ax+b=0$ の解の1つが $5+4i$ であるとき, 実数の定数 a, b の値を求めなさい.

方針 $5+4i$ が解ならば, $5-4i$ も解であることを用いる.

▶ n 次方程式の係数がすべて実数であるとき, α がこの方程式の解ならば, $\bar{\alpha}$ も解である.

★ 直接代入して整理してもよい.

21

(1) $\alpha+\beta=-\dfrac{4}{3}$ (2) $\alpha\beta=\dfrac{7}{3}$

(3) $\alpha^2+\beta^2=(\alpha+\beta)^2-2\alpha\beta$

$$=\left(-\dfrac{4}{3}\right)^2-2\times\dfrac{7}{3}=\dfrac{16}{9}-\dfrac{14}{3}=-\dfrac{26}{9}$$

(4) $\alpha^3+\beta^3=(\alpha+\beta)^3-3\alpha\beta(\alpha+\beta)$

$$=\left(-\dfrac{4}{3}\right)^3-3\times\dfrac{7}{3}\times\left(-\dfrac{4}{3}\right)=-\dfrac{64}{27}+\dfrac{28}{3}=\dfrac{188}{27}$$

22

和が 2，積が 2 である 2 数は，2 次方程式
$$t^2-2t+2=0$$
の解である．これを解いて
$$t=1\pm\sqrt{-1}=1\pm i$$
すなわち，求める 2 数は **$1+i$ と $1-i$** である．

23

$$\dfrac{2+3i}{4}+\dfrac{2-3i}{4}=1$$

$$\dfrac{2+3i}{4}\times\dfrac{2-3i}{4}=\dfrac{4-9i^2}{16}=\dfrac{13}{16}$$

よって，$x^2-x+\dfrac{13}{16}=0$

ゆえに，   **$16x^2-16x+13=0$**

24

[解 1] 方程式の係数はすべて実数であるので，$5+4i$ が解
ならば，$5-4i$ も解である．
よって，解と係数の関係より
$$(5+4i)+(5-4i)=-a,\ (5+4i)\times(5-4i)=b$$
ゆえに，   **$a=-10,\ b=41$**

[解 2] $x=5+4i$ を代入して
$$(5+4i)^2+a(5+4i)+b=0$$
$$(5a+b+9)+(4a+40)i=0$$
よって， $5a+b+9=0$ かつ $4a+40=0$ より
$$a=-10,\ b=41$$

7 因数定理と高次方程式

25
多項式 $f(x)=x^3-2x^2-4x+3$ を次の 1 次式で割った
ときの余りをそれぞれ求めなさい.
(1) $x-1$ (2) $x+2$ (3) $x-3$

方針 剰余定理の利用.

> **剰余定理**
> 多項式 $f(x)$ を $x-\alpha$ で割った余りは $f(\alpha)$

26
$f(x)=x^3+4x^2+ax-6$ が $x-2$ で割り切れるように,
定数 a の値を定めなさい.

方針 因数定理の利用.

> **因数定理**
> 多項式 $f(x)$ が $x-\alpha$ で割り切れる $\Longleftrightarrow f(\alpha)=0$

27
方程式 $x^3+2x^2-5x-6=0$ を解きなさい.

方針 因数定理を利用して因数分解する.
▶ 定数項 -6 の約数を代入して解の 1 つをみつける.

28
方程式 $4x^4-4x^3-23x^2-x-6=0$ を解きなさい.

方針 因数定理を利用して,より次数の低い方程式を
導く.
▶ 定数項 -6 の約数を代入して解の 1 つをみつける.
▶ それでもうまくいかないときは

$$\frac{\text{定数項の約数}}{\text{最高次の係数の約数}}$$

を代入する.

25

(1) $f(1)=1^3-2\times1^2-4\times1+3=-2$

(2) $f(-2)=(-2)^3-2\times(-2)^2-4\times(-2)+3=-5$

(3) $f(3)=3^3-2\times3^2-4\times3+3=0$

26

$$f(2)=2^3+4\times2^2+2a-6$$
$$=8+16+2a-6$$
$$=2a+18$$

因数定理より，$f(2)=0$ であるから
$$2a+18=0$$
ゆえに，　　$a=-9$

27

$f(x)=x^3+2x^2-5x-6$ とおくと
$$f(-1)=(-1)^3+2\times(-1)^2-5\times(-1)-6=0$$
よって，$f(x)$ は $x+1$ で割り切れて
$$f(x)=(x+1)(x^2+x-6)$$
$$=(x+1)(x-2)(x+3)=0$$
ゆえに，　　$x=-3$，-1，2

28

$f(x)=4x^4-4x^3-23x^2-x-6$ とおくと
$$f(-2)=4\times(-2)^4-4\times(-2)^3-23\times(-2)^2-(-2)-6$$
$$=64+32-92+2-6=0$$
よって，$f(x)$ は $x+2$ で割り切れて
$$f(x)=(x+2)(4x^3-12x^2+x-3)$$
$g(x)=4x^3-12x^2+x-3$ とおくと
$$g(3)=4\times3^3-12\times3^2+3-3=0$$
よって，$g(x)$ は $x-3$ で割り切れて
$$g(x)=(x-3)(4x^2+1)$$
したがって，$f(x)=0$ より
$$(x+2)(x-3)(4x^2+1)=0$$
ゆえに，　　$x=-2$，3，$\pm\dfrac{1}{2}i$

8 高次方程式の解

29 $x^3+2x^2+4x+3=0$ の解を α, β, γ とするとき, 次の値
を求めなさい.

(1) $\alpha+\beta+\gamma$ (2) $\alpha\beta+\beta\gamma+\gamma\alpha$

(3) $\alpha\beta\gamma$ (4) $\dfrac{1}{\alpha}+\dfrac{1}{\beta}+\dfrac{1}{\gamma}$

方針 3 次方程式の解と係数の関係の利用.

> **3 次方程式の解と係数の関係**
>   3 次方程式 $ax^3+bx^2+cx+d=0$ の解を α, β, γ と
> すると
> $$\alpha+\beta+\gamma=-\frac{b}{a}, \ \ \alpha\beta+\beta\gamma+\gamma\alpha=\frac{c}{a}, \ \ \alpha\beta\gamma=-\frac{d}{a}$$

30 $x^3-3x^2+ax-6=0$ の解の 1 つが 3 であるとき, 定数 a
の値を求めなさい. また, 他の解を求めなさい.

方針 $x=3$ を代入して a の値を求める.

31 $x^2+x+1=0$ の解の 1 つを ω とするとき, 次の式の値
を求めなさい.

(1) ω^3 (2) $\omega^8+\omega^4+1$

方針 $\omega^2+\omega+1=0$ を利用する.

32 $x=1+i$ のとき, $x^4-2x^3+3x^2-x$ の値を求めなさい.

方針 $x=1+i$ より $x^2-2x+2=0$ が成り立つ.

▶ $x^4-2x^3+3x^2-x$ を x^2-2x+2 で割った余りに
$x=1+i$ を代入する.

★ $x=1+i$, $x^2=2i$, $x^3=-2+2i$, $x^4=-4$
を代入して求めてもよい.

29

(1) $\alpha+\beta+\gamma=-2$

(2) $\alpha\beta+\beta\gamma+\gamma\alpha=4$

(3) $\alpha\beta\gamma=-3$

(4) $\dfrac{1}{\alpha}+\dfrac{1}{\beta}+\dfrac{1}{\gamma}=\dfrac{\alpha\beta+\beta\gamma+\gamma\alpha}{\alpha\beta\gamma}=\dfrac{4}{-3}=-\dfrac{4}{3}$

30

$x=3$ を代入して
$$3^3-3\times3^2+3a-6=0$$
よって，$3a-6=0$ より
$$a=2$$
このとき
$$x^3-3x^2+2x-6=0$$
$$(x-3)(x^2+2)=0$$
他の解は，$x^2+2=0$ より
$$x=\pm\sqrt{2}\,i$$

31

(1) $\omega^2+\omega+1=0$ であるから
$$\omega^2=-(\omega+1),\quad \omega^2+\omega=-1$$
$$\omega^3=\omega\cdot\omega^2=\omega\{-(\omega+1)\}=-(\omega^2+\omega)=-(-1)=1$$

(2) $\omega^3=1$ であるから
$$\omega^8=\omega^5=\omega^2,\quad \omega^4=\omega$$
よって，$\omega^8+\omega^4+1=\omega^2+\omega+1=0$

32

$x=1+i$ より，$x-1=i$
$$(x-1)^2=i^2$$
$$x^2-2x+1=-1$$
よって，$x^2-2x+2=0$
右の割り算より
$$x^4-2x^3+3x^2-x$$
$$=(x^2-2x+2)(x^2+1)+(x-2)$$
$$=0+(1+i)-2$$
$$=-1+i$$

$$
\begin{array}{r}
101 \\
1\ -2\ 2\ )\overline{1\ -2\ \ 3\ -1\ \ 0} \\
\underline{1\ -2\ \ 2} \\
1\ -1\ \ 0 \\
\underline{1\ -2\ \ 2} \\
1\ \ 2
\end{array}
$$

9 恒等式

33
□ 次の式が x についての恒等式となるように，定数 a, b, c の値を定めなさい．
$$x^3 - ax = (x+b)(x^2+cx+3) - 6$$

方針 右辺を展開し，両辺の係数を比較する．

▶ 恒等式では，両辺の同じ次数の項の係数は一致する．
（**係数比較法**）

34
□ 次の式が x についての恒等式となるように，定数 a, b, c の値を定めなさい．
$$3x^2 + 1 = ax(x-1) + bx(x+1) + c(x-1)(x+1)$$

方針 x に適当な数値を代入する．

▶ 恒等式では，文字にどのような値を代入しても成立する．（**数値代入法**）

▶ したがって，都合のよい数値をみつけて代入し，必要条件を導く．もちろん，十分条件でもあることを確認する．

35
□ 次の式が x についての恒等式となるように，定数 a, b, c, d の値を定めなさい．
$$x^3 = a(x-1)^3 + b(x-1)^2 + c(x-1) + d$$

方針 係数比較でも，数値代入でもよい．

★ $x-1=y$ と置きかえてもよい．

36
□ x, y の 2 次式 $x^2 - xy - 2y^2 + 3y + k$ が，2 つの 1 次式の積に分解されるように，定数 k の値を定めなさい．

方針 $(x+y+a)(x-2y+b)$ とおいて，係数を比較する．

▶ $x^2 - xy - 2y^2$ を因数分解してみると，だいたいの形が予測できる．

33
□

右辺 $= x^3 + (b+c)x^2 + (bc+3)x + (3b-6)$
これと左辺とを比較して
$$0 = b+c, \quad -a = bc+3, \quad 0 = 3b-6$$
ゆえに、$\qquad b=2, \quad c=-2, \quad a=1$
すなわち、$\qquad \boldsymbol{a=1, \quad b=2, \quad c=-2}$

34
□

$x=-1$ を代入して、$4=2a$ $\qquad$ よって、$a=2$
$x=1$ を代入して、$4=2b$ $\qquad$ よって、$b=2$
$x=0$ を代入して、$1=-c$ $\qquad$ よって、$c=-1$
逆に、$a=2$, $b=2$, $c=-1$ のとき、右辺 $=3x^2+1$ となり、
適する.
ゆえに、$\qquad \boldsymbol{a=2, \quad b=2, \quad c=-1}$

35
□

まず、両辺の x^3 の係数を比較して、$a=1$
よって、$x^3 = (x-1)^3 + b(x-1)^2 + c(x-1) + d$
$x=0$ を代入して、$0=-1+b-c+d$
$x=1$ を代入して、$1=d$
$x=2$ を代入して、$8=1+b+c+d$
ゆえに、$d=1$, $b=3$, $c=3$
逆に、$a=1$, $b=3$, $c=3$, $d=1$ のとき、右辺 $=x^3$ となり、
適する.
ゆえに、$\qquad \boldsymbol{a=1, \quad b=3, \quad c=3, \quad d=1}$

36
□

$x^2 - xy - 2y^2 = (x+y)(x-2y)$ であるから、この式は
$$(x+y+a)(x-2y+b) \qquad \cdots\cdots ①$$
のように因数分解できる可能性がある.
$$① = x^2 - xy - 2y^2 + (a+b)x + (-2a+b)y + ab$$
x の係数、y の係数、定数項を比較して
$$a+b=0, \quad -2a+b=3, \quad ab=k$$
よって、$\qquad a=-1, \quad b=1$
ゆえに、$\qquad \boldsymbol{k=-1}$
(参考) $k=-1$ のとき
$$x^2 - xy - 2y^2 + 3y - 1 = (x+y-1)(x-2y+1)$$

10 等式の証明

37 次の等式が成り立つことを証明しなさい.

$$a^2+b^2+c^2-ab-bc-ca$$
$$=\frac{1}{2}\{(a-b)^2+(b-c)^2+(c-a)^2\}$$

方針 左辺を変形して右辺を導く. あるいは右辺を変形して左辺を導く.

▶ 左辺＝○＝……＝□＝右辺
　右辺＝△＝……＝◇＝左辺

38 $x+y=5$ のとき, 次の等式が成り立つことを証明しなさい.

$$x^2-5x=y^2-5y$$

方針 左辺－右辺＝0 を示す.

▶ $A=B \iff A-B=0$

★ $x=-y+5$ を利用して, 左辺＝右辺 を示してもよい.

39 $a+b+c=0$ のとき, 次の等式が成り立つことを証明しなさい.

$$a^3+b^3+c^3=3abc$$

方針 条件式を用いて, 1文字を消去する.

▶ 左辺－右辺＝0 を示してもよい.

★ この結果は, 記憶しておくとよい.

40 $\dfrac{a}{b}=\dfrac{c}{d}$ のとき, 次の等式が成り立つことを証明しなさい.

$$\frac{a+c}{b+d}=\frac{a-2c}{b-2d}$$

方針 条件式＝k とおいて, 分母を払う.

▶ a, c を b, d, k で表し, 左辺＝右辺 を示す.

37

$$右辺=\frac{1}{2}\{a^2-2ab+b^2+b^2-2bc+c^2+c^2-2ca+a^2\}$$

$$=\frac{1}{2}\{2a^2+2b^2+2c^2-2ab-2bc-2ca\}$$

$$=a^2+b^2+c^2-ab-bc-ca=左辺$$

ゆえに

$$a^2+b^2+c^2-ab-bc-ca=\frac{1}{2}\{(a-b)^2+(b-c)^2+(c-a)^2\}$$

38

$$(x^2-5x)-(y^2-5y)=(x^2-y^2)+(-5x+5y)$$
$$=(x+y)(x-y)-5(x-y)=(x-y)(x+y-5)$$
$$=(x-y)\cdot 0=0$$

ゆえに, $x+y=5$ のとき, $x^2-5x=y^2-5y$

39

$a+b+c=0$ より, $c=-(a+b)$ であるから

$$a^3+b^3+c^3=a^3+b^3-(a+b)^3$$
$$=a^3+b^3-(a^3+3a^2b+3ab^2+b^3)$$
$$=-3a^2b-3ab^2=3ab(-a-b)$$
$$=3abc$$

ゆえに, $a+b+c=0$ のとき, $a^3+b^3+c^3=3abc$

40

$\dfrac{a}{b}=\dfrac{c}{d}=k$ とおくと, $a=bk$, $c=dk$

このとき

$$左辺=\frac{bk+dk}{b+d}=\frac{(b+d)k}{b+d}=k$$

$$右辺=\frac{bk-2dk}{b-2d}=\frac{(b-2d)k}{b-2d}=k$$

ゆえに, $\dfrac{a}{b}=\dfrac{c}{d}$ のとき $\dfrac{a+c}{b+d}=\dfrac{a-2c}{b-2d}$

11 不等式の証明

41 実数 x, y について，次の不等式が成り立つことを証明しなさい．
$$x^2+y^2+2\geqq 2(x+y)$$

方針 左辺－右辺 $\geqq 0$ を示す．

▶ (実数)$^2\geqq 0$

▶ 等号成立についても吟味するとよい．

---

42 正の数 a, b について，次の不等式が成り立つことを証明しなさい．
$$\frac{a+b}{2}\geqq\sqrt{ab}\geqq\frac{2ab}{a+b}$$

方針 2つの不等式に分けて証明する．

★ $\frac{a+b}{2}$ を **相加平均**，$\sqrt{ab}$ を **相乗平均**，$\frac{2ab}{a+b}$ を **調和平均** という．

---

43 次の不等式を証明しなさい．ただし，$p\geqq 0$，$q\geqq 0$ とする．
(1) $(a^2+b^2)(x^2+y^2)\geqq(ax+by)^2$
(2) $5(p+q)\geqq(\sqrt{p}+2\sqrt{q})^2$

方針 (1)を利用して，(2)を証明する．

▶ (1)の a, b, x, y に(2)の何が対応するのかを発見する．

★ (1)を，**コーシーの不等式** という．

---

44 $a>0$，$b>0$ のとき，次の不等式が成り立つことを証明しなさい．
$$\frac{\sqrt{a}+\sqrt{b}}{2}\leqq\sqrt{\frac{a+b}{2}}$$

方針 両辺を平方して比較する．

▶ $A\geqq 0$，$B\geqq 0$ のとき，$A\geqq B\iff A^2\geqq B^2$

▶ 両辺とも 0 以上であることを確認してから平方する．

41

$$x^2+y^2+2-2(x+y)=(x^2-2x+1)+(y^2-2y+1)$$
$$=(x-1)^2+(y-1)^2 \geq 0$$

ゆえに，　　　$x^2+y^2+2 \geq 2(x+y)$

等号が成り立つのは，$x=y=1$ のときである．

42

$$\frac{a+b}{2}-\sqrt{ab}=\frac{a-2\sqrt{ab}+b}{2}=\frac{(\sqrt{a}-\sqrt{b})^2}{2} \geq 0$$

$$\sqrt{ab}-\frac{2ab}{a+b}=\frac{\sqrt{ab}(a+b-2\sqrt{ab})}{a+b}=\frac{\sqrt{ab}(\sqrt{a}-\sqrt{b})^2}{a+b} \geq 0$$

ゆえに，　　　$\dfrac{a+b}{2} \geq \sqrt{ab} \geq \dfrac{2ab}{a+b}$

等号が成り立つのは，$a=b$ のときである．

43

(1)　$(a^2+b^2)(x^2+y^2)-(ax+by)^2$

　　$=a^2x^2+a^2y^2+b^2x^2+b^2y^2-(a^2x^2+2abxy+b^2y^2)$

　　$=a^2y^2-2abxy+b^2x^2=(ay-bx)^2 \geq 0$

　　ゆえに，　　$(a^2+b^2)(x^2+y^2) \geq (ax+by)^2$

　　等号が成り立つのは，$a:x=b:y$ のときである．

(2)　(1)で，$a=1$，$b=2$，$x=\sqrt{p}$，$y=\sqrt{q}$ とおくと

　　　　$(1^2+2^2)\{(\sqrt{p})^2+(\sqrt{q})^2\} \geq (1 \cdot \sqrt{p}+2 \cdot \sqrt{q})^2$

　　すなわち，　　$5(p+q) \geq (\sqrt{p}+2\sqrt{q})^2$

　　等号が成り立つのは，$1:\sqrt{p}=2:\sqrt{q}$

　　すなわち，$q=4p$ のときである．

44　両辺とも正であるから，両辺の平方を比較する．

$$\left(\sqrt{\frac{a+b}{2}}\right)^2-\left(\frac{\sqrt{a}+\sqrt{b}}{2}\right)^2=\frac{a+b}{2}-\frac{a+2\sqrt{ab}+b}{4}$$

$$=\frac{a-2\sqrt{ab}+b}{4}=\frac{(\sqrt{a}-\sqrt{b})^2}{4} \geq 0$$

ゆえに，　　　$\dfrac{\sqrt{a}+\sqrt{b}}{2} \leq \sqrt{\dfrac{a+b}{2}}$

等号が成り立つのは，$a=b$ のときである．

12 不等式と最大・最小

45 $x \geqq 0$, $y \geqq 0$, $x+y=1$ のとき，xy の最大値を求めなさい．

方針 相加平均 ≧ 相乗平均 の利用を考える．

▶ $x \geqq 0$, $y \geqq 0$ のとき，$\dfrac{x+y}{2} \geqq \sqrt{xy}$

（等号は $x=y$ のとき成立）

46 $a>0$, $b>0$ のとき，$\left(a+\dfrac{1}{b}\right)\left(b+\dfrac{4}{a}\right)$ の最小値を求めなさい．

方針 展開してから，相加平均 ≧ 相乗平均 の利用を考える．

★ それぞれの ( ) に 相加平均 ≧ 相乗平均 を適用すると，違った答が出てしまう．理由を考えよ．

47 $a \leqq b$, $x \leqq y$ のとき，次の 2 式の大小を比較しなさい．
$$(a+b)(x+y), \quad 2(ax+by)$$

方針 a, b, x, y に具体的な値を代入して，2 式の大小を予測する．

▶ たとえば，$a=1$, $b=2$, $x=3$, $y=4$ とすると
$$(a+b)(x+y)=21, \quad 2(ax+by)=22$$

48 a, b が正の値をとって変化するとき，つねに
$$a+b \geqq k\sqrt{ab}$$
が成り立つような k の値の最大値を求めなさい．

方針 まず，k と a, b とを分離する．

▶ 両辺を正の数 $\sqrt{ab}$ で割り，k と a, b とを分離する．

▶ $a+b \geqq 2\sqrt{ab}$ を利用する．

45

$x \geqq 0$, $y \geqq 0$ であるから，相加平均 $\geqq$ 相乗平均 より

$$\frac{x+y}{2} \geqq \sqrt{xy}$$

$x+y=1$ であるから，$\dfrac{1}{2} \geqq \sqrt{xy}$　ゆえに，$xy \leqq \dfrac{1}{4}$

すなわち，xy の最大値は $\dfrac{1}{4}$ である　$\left(x=y=\dfrac{1}{2}\ \text{のとき}\right)$.

46

$$\left(a+\frac{1}{b}\right)\left(b+\frac{4}{a}\right) = ab+4+1+\frac{4}{ab} = 5+ab+\frac{4}{ab}$$

$$\geqq 5+2\sqrt{ab \cdot \frac{4}{ab}} = 5+2\times 2 = 9$$

ゆえに，$\left(a+\dfrac{1}{b}\right)\left(b+\dfrac{4}{a}\right)$ の最小値は **9** である

$$(ab=2\ \text{のとき}).$$

47

$$2(ax+by)-(a+b)(x+y)$$
$$=2ax+2by-(ax+ay+bx+by)$$
$$=ax-ay-bx+by$$
$$=(a-b)(x-y) \geqq 0$$
$$(\text{なぜなら},\ a-b \leqq 0,\ x-y \leqq 0)$$

ゆえに，　$(\boldsymbol{a+b})(\boldsymbol{x+y}) \leqq 2(\boldsymbol{ax+by})$

等号が成り立つのは，$a=b$ または $x=y$ のときである.

48

$a+b \geqq k\sqrt{ab}$ の両辺を，正の数 $\sqrt{ab}$ で割って　$\dfrac{a+b}{\sqrt{ab}} \geqq k$

ここで，$a+b \geqq 2\sqrt{ab}$ より

$$\frac{a+b}{\sqrt{ab}} \geqq \frac{2\sqrt{ab}}{\sqrt{ab}} = 2$$

すなわち，$\dfrac{a+b}{\sqrt{ab}}$ の最小値は 2 である　$(a=b\ \text{のとき})$.

ゆえに，k の最大値は **2** である.

13 点の座標

49

次の2点間の距離を求めなさい.
(1) O(0, 0), A(−8, 6)
(2) B(3, −4), C(−2, 8)

方針 $\sqrt{(x_1-x_2)^2+(y_1-y_2)^2}$ の利用.

▶ 2点 $(0,\ 0)$, $(x,\ y)$ 間の距離は $\sqrt{x^2+y^2}$

50

2点 A(−2, 2), B(4, 5) について, 線分 AB を 2:1 に内分する点 C, および 2:1 に外分する点 D の座標をそれぞれ求めなさい.

方針 $\left(\dfrac{nx_1+mx_2}{m+n},\ \dfrac{ny_1+my_2}{m+n}\right)$ の利用.

▶ 「$m:n$ に外分」は「$m:(-n)$ に内分」と考える.

51

3点 A(3, 5), B(−4, 8), C(7, −1) について, 三角形 ABC の重心 G の座標を求めなさい.

方針 $\left(\dfrac{x_1+x_2+x_3}{3},\ \dfrac{y_1+y_2+y_3}{3}\right)$ の利用.

52

平行四辺形 ABCD において,
    A(−3, 4), B(−1, −6), C(3, −1)
であるとき, 点 D の座標を求めなさい.

方針 平行四辺形の対角線は, それぞれの中点で交わる.

▶ D$(x,\ y)$ とおき, 対角線 AC の中点と対角線 BD の中点とが一致するように $x,\ y$ を定める.

2
図形と方程式

49
(1) $\sqrt{(-8)^2+6^2}=10$

(2) $\sqrt{\{3-(-2)\}^2+\{(-4)-8\}^2}=\sqrt{5^2+(-12)^2}$
$$=\sqrt{169}$$
$$=13$$

50
内分点 C は
$$\left(\frac{1\times(-2)+2\times4}{2+1},\ \frac{1\times2+2\times5}{2+1}\right)$$ すなわち C(2, 4)

外分点 D は
$$\left(\frac{(-1)\times(-2)+2\times4}{2-1},\ \frac{(-1)\times2+2\times5}{2-1}\right)$$
すなわち D(10, 8)

51
重心 G は
$$\left(\frac{3+(-4)+7}{3},\ \frac{5+8+(-1)}{3}\right)$$ すなわち G(2, 4)

52
平行四辺形の 2 本の対角線は互いに他を 2 等分する. すなわち対角線 AC の中点と対角線 BD の中点とは一致する.

D(x, y) とすると
$$\frac{(-3)+3}{2}=\frac{(-1)+x}{2}$$
$$\frac{4+(-1)}{2}=\frac{(-6)+y}{2}$$
よって, $x=1$, $y=9$
ゆえに, 　　D(1, 9)

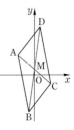

14 直線の方程式

53
次の2点を通る直線の方程式を求めなさい.
(1) A$(-5,\ 3)$, B$(3,\ 7)$
(2) C$(6,\ 4)$, D$(6,\ -2)$

方針 $y-y_1=\dfrac{y_2-y_1}{x_2-x_1}(x-x_1)$ の利用.

▶ まず, 傾きを求めるとよい.

▶ 点 $(x_1,\ y_1)$ を通り y 軸に平行な直線の方程式は $x=x_1$

54
次の直線の方程式を求めなさい.
(1) 点 A$(3,\ -2)$ を通り, 直線 $y=3x-4$ に平行な直線.
(2) 点 A$(3,\ -2)$ を通り, 直線 $y=3x-4$ に垂直な直線.

方針 $y=m_1x+n_1$ と $y=m_2x+n_2$ が平行 $\Longleftrightarrow m_1=m_2$
$y=m_1x+n_1$ と $y=m_2x+n_2$ が垂直 $\Longleftrightarrow m_1m_2=-1$

55
3直線 $2x+3y=8$, $x+4y=9$, $ax-3y=10$ が1点で交わるように, 定数 a の値を定めなさい.

方針 はじめの2直線の交点を求める.

▶ その交点を第3の直線が通ると考える.

56
2直線 $2x+3y-5=0$ ……①
$4x+ay+7=0$ ……②
がある.
(1) ①, ②が平行であるように, 定数 a の値を定めなさい.
(2) ①, ②が垂直であるように, 定数 a の値を定めなさい.

方針 $a_1x+b_1y+c_1=0$ ……①, $a_2x+b_2y+c_2=0$ ……②
について
①∥② $\Longleftrightarrow a_1b_2-a_2b_1=0$
①⊥② $\Longleftrightarrow a_1a_2+b_1b_2=0$

A   N   S   W   E   R

2 図形と方程式

53

(1) 傾きは $\dfrac{7-3}{3-(-5)}=\dfrac{4}{8}=\dfrac{1}{2}$

よって，$y-3=\dfrac{1}{2}\{x-(-5)\}$

ゆえに，$y=\dfrac{1}{2}x+\dfrac{11}{2}$

(2) 直線 CD は y 軸に平行であるから

$x=6$

54

(1) $y-(-2)=3(x-3)$

ゆえに，$y=3x-11$

(2) 求める直線の傾きは $-\dfrac{1}{3}$

よって，$y-(-2)=-\dfrac{1}{3}(x-3)$

ゆえに，$y=-\dfrac{1}{3}x-1$

55

$2x+3y=8$, $x+4y=9$ を連立させて

$x=1,\ y=2$

これを $ax-3y=10$ に代入して

$a\times1-3\times2=10$

ゆえに，$a=16$

56

(1) 平行条件より

$2\times a-4\times3=0$

よって，$a=6$

(2) 垂直条件より

$2\times4+3\times a=0$

よって，$a=-\dfrac{8}{3}$

15 点と直線

57 点 A$(-3, 2)$ に関して，点 P$(-5, 6)$ と対称な点 Q の座標を求めなさい．

方針 線分 PQ の中点が A であると考える．

▶Q(x, y) とおいて，線分 PQ の中点が A に一致するように x, y を定める．

58 直線 $l : y = x + 3$ に関して，点 P$(4, 1)$ と対称な点 Q の座標を求めなさい．

方針 次の(ア)，(イ)がともに成り立つと考える．
  (ア) 線分 PQ の中点が l 上にある．
  (イ) 線分 PQ と l が垂直．

59 点 $(7, 8)$ と直線 $5x + 12y - 1 = 0$ との距離を求めなさい．

> **点と直線との距離**
>   点 (x_0, y_0) と直線 $ax + by + c = 0$ との距離は
> $$\frac{|ax_0 + by_0 + c|}{\sqrt{a^2 + b^2}}$$

60 3 点 O$(0, 0)$, A$(7, 2)$, B$(3, 6)$ について，△OAB の面積を求めなさい．

方針 3 点 $(0, 0)$, (x_1, y_1), (x_2, y_2) を頂点とする三角形の面積 S は
$$S = \frac{1}{2}|x_1 y_2 - x_2 y_1|$$

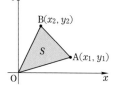

2

図形と方程式

57

Q(x, y)とすると

$$\frac{(-5)+x}{2}=-3, \quad \frac{6+y}{2}=2$$

よって、 $x=-1, y=-2$
すなわち、 **Q$(-1, -2)$**

58

Q(x, y)とすると、

線分PQの中点 $\left(\dfrac{4+x}{2}, \dfrac{1+y}{2}\right)$ が l 上にあるから

$$\frac{1+y}{2}=\frac{4+x}{2}+3$$

よって、 $y=x+9$ ……①
また、PQ⊥l より

$$\frac{y-1}{x-4}\times 1=-1$$

よって

$$y-1=-x+4$$
$$y=-x+5 \quad ……②$$

①、②より $x=-2, y=7$
ゆえに、 **Q$(-2, 7)$**

59

$$\frac{|5\times 7+12\times 8-1|}{\sqrt{5^2+12^2}}=\frac{130}{13}=\mathbf{10}$$

60

$$\triangle \text{OAB}=\frac{1}{2}|7\times 6-3\times 2|$$
$$=\frac{1}{2}\times 36$$
$$=\mathbf{18}$$

16 円の方程式

61
☐
中心が A(3, −4) で,点 B(5, 1) を通る円の方程式を求めなさい.

方針 円の方程式の標準形 $(x-a)^2+(y-b)^2=r^2$ の利用.

62
☐
円 $3x^2+3y^2-2x+2y=1$ の中心の座標と半径の長さを求めなさい.

方針 x^2,y^2 の係数を 1 にしておく.

▶平方完成により標準形にしてから,中心と半径を決定する.

63
☐
2 点 A(2, −6),B(8, 4) を直径の両端とする円の方程式を求めなさい.

方針 中心と半径を求め,標準形を利用する.

64
☐
3 点 A(4, 1),B(−1, 2),C(−2, −3) を通る円の方程式を求めなさい.

方針 円の方程式の一般形 $x^2+y^2+lx+my+n=0$ の利用.

▶一般型に 3 点の座標を代入して連立方程式をつくり,l,m,n の値を求める.

A　N　S　W　E　R

61
半径は，$AB=\sqrt{(3-5)^2+\{(-4)-1\}^2}=\sqrt{29}$
ゆえに，求める円の方程式は
$$(x-3)^2+(y+4)^2=29$$

62
$$3x^2+3y^2-2x+2y=1$$
$$x^2+y^2-\frac{2}{3}x+\frac{2}{3}y=\frac{1}{3}$$
$$\left(x-\frac{1}{3}\right)^2+\left(y+\frac{1}{3}\right)^2=\frac{5}{9}$$
よって，　　　**中心** $\left(\dfrac{1}{3},\ -\dfrac{1}{3}\right)$
　　　　　　　　半径 $\dfrac{\sqrt{5}}{3}$

63
円の中心は，$\left(\dfrac{2+8}{2},\ \dfrac{(-6)+4}{2}\right)=(5,\ -1)$
また，$AB=\sqrt{(2-8)^2+\{(-6)-4\}^2}=\sqrt{136}=2\sqrt{34}$
より，半径は $2\sqrt{34}\div2=\sqrt{34}$
ゆえに，求める円の方程式は
$$(x-5)^2+(y+1)^2=34$$

64
求める円を $x^2+y^2+lx+my+n=0$ とおいて，3点の座標を代入すると
$$\begin{cases}16+1+4l+m+n=0\\1+4-l+2m+n=0\\4+9-2l-3m+n=0\end{cases}$$ すなわち $$\begin{cases}4l+m+n=-17\\-l+2m+n=-5\\-2l-3m+n=-13\end{cases}$$
これを解いて，　　$l=-2,\ m=2,\ n=-11$
ゆえに，　　　　　$x^2+y^2-2x+2y-11=0$

17 円と直線

65 円 $x^2+y^2=5$ と直線 $y=x+1$ の交点の座標を求めなさい.

方針 2式を連立させて解く.

▶ y を消去して x を求め,その値を $y=x+1$ に代入して y を求める.

66 円 $C:(x-2)^2+(y+3)^2=4$ と直線 $l:x+y-1=0$ の共有点の個数を求めなさい.

方針 点と直線との距離の公式を利用.

▶ 円の中心と直線 l との距離を求め,円の半径と比較する.

★ 2式から y を消去して得られる x の2次方程式の判別式を利用してもよい.

67 円 $x^2+y^2=10$ の周上の点 $(3,\ -1)$ におけるこの円の接線の方程式を求めなさい.

> **円の接線**
> 　円 $x^2+y^2=r^2$ の周上の点 $(x_0,\ y_0)$ における接線は
> $$x_0x+y_0y=r^2$$

68 点 $A(-2,\ 4)$ から円 $x^2+y^2=10$ に引いた接線の方程式を求めなさい.

方針 接点を $(x_0,\ y_0)$ とおいて接線を求め,それが点 A を通ると考える.

▶ 接点の座標 $(x_0,\ y_0)$ は円の方程式を満たすので
$$x_0{}^2+y_0{}^2=10$$
が成り立つ.

2

図形と方程式

65

$y=x+1$ を $x^2+y^2=5$ に代入して

$$x^2+(x+1)^2=5, \quad 2x^2+2x-4=0$$
$$x^2+x-2=0, \quad (x-1)(x+2)=0$$
$$x=1, \quad -2$$

$x=1$ のとき $y=2$, $x=-2$ のとき $y=-1$

ゆえに, $(\mathbf{1}, \ \mathbf{2})$, $(-\mathbf{2}, \ -\mathbf{1})$

66

円の中心 $(2, \ -3)$ と直線 l との距離は

$$\frac{|2+(-3)-1|}{\sqrt{1^2+1^2}}=\frac{2}{\sqrt{2}}=\sqrt{2}$$

これは, 円の半径 2 よりも小さいので,

C と l との共有点は **2 個** である.

(参考) 2 式から y を消去して得られる x の 2 次方程式は $x^2-6x+8=0$ であり, この方程式は異なる 2 つの実数解をもつ.

67

$$3 \cdot x+(-1) \cdot y=10$$

すなわち, $\mathbf{3x-y=10}$

68

接点を $(x_0, \ y_0)$ とすると

$$x_0{}^2+y_0{}^2=10 \quad \cdots\cdots ①$$

接線の方程式は $x_0 x+y_0 y=10$

これが, 点 $(-2, \ 4)$ を通るから

$$-2x_0+4y_0=10$$
$$x_0=2y_0-5 \quad \cdots\cdots ②$$

②を①に代入して $(2y_0-5)^2+y_0{}^2=10$

$$5y_0{}^2-20y_0+15=0, \quad y_0{}^2-4y_0+3=0$$
$$(y_0-1)(y_0-3)=0, \quad y_0=1, \ 3$$

②に代入して

$y_0=1$ のとき $x_0=-3$, $y_0=3$ のとき $x_0=1$

ゆえに, $-\mathbf{3x+y=10}$ および $\mathbf{x+3y=10}$

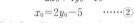

18 軌 跡

69 2点 A(3, −6), B(−5, 2)から等しい距離にある点 P
☐ の軌跡を求めなさい.

> **方針** P(x, y)として, x, y の関係式を導く.

---

70 2点 A(−2, 0), B(4, 0)に対して
☐ $$2AP＝BP$$
を満たす点 P の軌跡を求めなさい.

> **方針** これも, P(x, y)として, x, y の関係式を導く
> ことを考える.

---

71 2点 A(−3, 5), B(6, 4)と円 $C : x^2+y^2=9$ がある.
☐ 点 P が円 C 上を動くとき, 三角形 ABP の重心 G の軌
跡を求めなさい.

> **方針** P(u, v), G(x, y)として, u, v と x, y の関係
> 式を導く.
>
> ▶ P(u, v)は, $u^2+v^2=9$ を満たす.
>
> ▶ u, v を消去し, x, y の関係式を導く.

---

72 t がすべての実数値をとりながら変化するとき
☐ $$\begin{cases} x=t^2 \\ y=t^2-1 \end{cases}$$
で定められる点 P(x, y)の軌跡を求めなさい.

> **方針** t を消去して, x, y の関係式を導く.
>
> ▶ $t^2 \geqq 0$ であるから, x の変域に制限が生ずる.

69
☐

$P(x, y)$ とおくと，AP＝BP より $AP^2＝BP^2$

よって，$(x-3)^2+(y+6)^2=(x+5)^2+(y-2)^2$

$$-6x+9+12y+36=10x+25-4y+4$$
$$16x-16y=16$$

ゆえに，求める軌跡は　　**直線 $x-y=1$**

70
☐

$P(x, y)$ とおくと，2AP＝BP より $4AP^2＝BP^2$

$$4\{(x+2)^2+y^2\}=(x-4)^2+y^2$$
$$4(x^2+y^2+4x+4)=x^2+y^2-8x+16$$
$$3x^2+3y^2+24x=0$$
$$x^2+y^2+8x=0$$

ゆえに，求める軌跡は　　**円 $(x+4)^2+y^2=16$**

71
☐

$P(u, v)$，$G(x, y)$ とおくと

$$x=\frac{(-3)+6+u}{3}, \quad y=\frac{5+4+v}{3}$$

よって，　　　$u=3x-3$　　……①

$v=3y-9$　　……②

また，$P(u, v)$ は円 C 上にあるから

$$u^2+v^2=9 \quad ……③$$

①，②を③に代入して $(3x-3)^2+(3y-9)^2=9$

ゆえに，求める軌跡は　　**円 $(x-1)^2+(y-3)^2=1$**

72
☐

$x=t^2$，$y=t^2-1$ より t を消去して

$$y=x-1$$

ただし，$t^2\geqq0$ より $x\geqq0$

ゆえに，求める軌跡は

直線 $y=x-1$ の $x\geqq0$ の部分

19 不等式と領域

73 不等式 $x^2+y^2-4x\leqq0$ の表す領域を図示しなさい.

方針 平方完成し,不等号の向きに注意する.

▶ 領域の境界線が含まれるかどうかも吟味する.

---

74 不等式 $(x-y)(y-x^2+2x)>0$ の表す領域を図示しなさい.

方針 $PQ>0\iff\begin{cases}P>0\\Q>0\end{cases}$ または $\begin{cases}P<0\\Q<0\end{cases}$

---

75 3点 $A(-2,\ 3)$, $B(-3,\ -5)$, $C(6,\ 1)$ を頂点とする三角形 ABC の内部を不等式を用いて表しなさい.

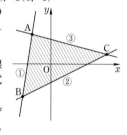

方針 まず,直線 AB,直線 BC,直線 CA の方程式を求める.

▶ △ABC の内部が,それぞれの直線のどちら側にあるかを判定する.

---

76 x, y が,4つの不等式
$$x\geqq0,\ \ y\geqq0,$$
$$2x+y\leqq6,\ \ x+3y\leqq6$$
をすべて満たしながら変化するとき,$x+y$ の最大値を求めなさい.

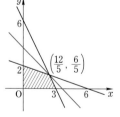

$\left(\dfrac{12}{5},\ \dfrac{6}{5}\right)$

方針 4つの不等式をすべて満たす領域と直線 $x+y=k$ とが共有点をもつような k の値の範囲を考える.

2 図形と方程式

73 $x^2+y^2-4x \leqq 0$ より
$$(x-2)^2+y^2 \leqq 4$$
よって，求める領域は
右図の斜線部分である．
ただし，境界線を含む．

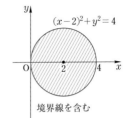

境界線を含む

74 $(x-y)(y-x^2+2x)>0$ より

Ⓐ $\begin{cases} x-y>0 \\ y-x^2+2x>0 \end{cases}$

または Ⓑ $\begin{cases} x-y<0 \\ y-x^2+2x<0 \end{cases}$

よって Ⓐ $\begin{cases} y<x \\ y>x^2-2x \end{cases}$

または Ⓑ $\begin{cases} y>x \\ y<x^2-2x \end{cases}$

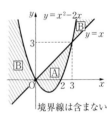

境界線は含まない

ゆえに，求める領域は右図の斜線
部分である．ただし，境界線は含まない．

75 直線 AB，直線 BC，直線 CA の方程式は，それぞれ
$$y=8x+19 \quad \cdots\cdots① , \quad y=\frac{2}{3}x-3 \quad \cdots\cdots②$$
$$y=-\frac{1}{4}x+\frac{5}{2} \quad \cdots\cdots③$$
左ページの図の △ABC の内部は，①の下側，②の上側，
③の下側であるから，
$$y<8x+19 \text{ かつ } y>\frac{2}{3}x-3 \text{ かつ } y<-\frac{1}{4}x+\frac{5}{2}$$

76 4つの不等式をすべて満たす領域と直線 $x+y=k$ とが共
有点をもつときの k の最大値を求めればよい．
左ページの図より $x=\dfrac{12}{5}$，$y=\dfrac{6}{5}$ のとき k は最大で，
最大値は $\dfrac{12}{5}+\dfrac{6}{5}=\dfrac{\mathbf{18}}{\mathbf{5}}$

20 一般角と弧度法

77

次の角の動径が表す一般角を $\alpha+360°\times n$（n は整数）の形で表しなさい．ただし，$0°\leqq\alpha<360°$ とする．

(1) $400°$　　　　(2) $-100°$

方針 与えられた角に $360°$ の整数倍を加えて α を決定する．

▶ たとえば　　$500°=140°+360°$

$-400°=320°+360°\times(-2)$

78

次の表を完成しなさい．

度数法	0°	30°		60°		120°	135°		180°	240°		330°	
弧度法	0		$\dfrac{\pi}{4}$		$\dfrac{\pi}{2}$			$\dfrac{5\pi}{6}$	π		$\dfrac{3\pi}{2}$		2π

方針 $180°=\pi$ ラジアンを利用する．

▶ $1°=\dfrac{\pi}{180}$ ラジアン

79

次の角の動径が表す一般角を $\alpha+2n\pi$　（n は整数）の形で表しなさい．ただし，$0\leqq\alpha<2\pi$ とする．

(1) $\dfrac{8}{3}\pi$　　　　　　(2) $-\dfrac{9}{4}\pi$

方針 与えられた角に 2π の整数倍を加えて α を決定する．

▶ たとえば　　$\dfrac{17}{4}\pi=\dfrac{\pi}{4}+2\pi\times2$

$-\dfrac{5}{6}\pi=\dfrac{7}{6}\pi+2\pi\times(-1)$

80

半径 6，中心角 $\dfrac{\pi}{3}$ のおうぎ形の弧の

長さと面積を求めなさい．

方針 半径 r，中心角 θ のおうぎ形の

弧の長さ　$l=r\theta$

面積　　　$S=\dfrac{1}{2}lr=\dfrac{1}{2}r^2\theta$

A N S W E R

77

(1) $400° = 40° + 360°$ より

$40° + 360° \times n$ （n は整数）

(2) $-100° = 260° + 360° \times (-1)$ より

$260° + 360° \times n$ （n は整数）

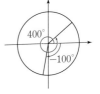

3
三角関数

78

度数法	0°	30°	45°	60°	90°	120°	135°	150°	180°	240°	270°	330°	360°
弧度法	0	$\dfrac{\pi}{6}$	$\dfrac{\pi}{4}$	$\dfrac{\pi}{3}$	$\dfrac{\pi}{2}$	$\dfrac{2\pi}{3}$	$\dfrac{3\pi}{4}$	$\dfrac{5\pi}{6}$	π	$\dfrac{4\pi}{3}$	$\dfrac{3\pi}{2}$	$\dfrac{11\pi}{6}$	2π

79

(1) $\dfrac{8}{3}\pi = \dfrac{2}{3}\pi + 2\pi$ より

$\dfrac{2}{3}\pi + 2n\pi$ （n は整数）

(2) $-\dfrac{9}{4}\pi = \dfrac{7}{4}\pi + 2\pi \times (-2)$ より

$\dfrac{7}{4}\pi + 2n\pi$ （n は整数）

80

弧の長さは $l = 6 \cdot \dfrac{\pi}{3} = 2\pi$

面積は $S = \dfrac{1}{2} \cdot 6^2 \cdot \dfrac{\pi}{3} = 6\pi$

21 三角関数

81
次の表を完成しなさい.

θ	0	$\dfrac{\pi}{6}$	$\dfrac{\pi}{4}$	$\dfrac{\pi}{3}$	$\dfrac{\pi}{2}$	$\dfrac{2\pi}{3}$	$\dfrac{3\pi}{4}$	$\dfrac{5\pi}{6}$	π
$\sin\theta$									
$\cos\theta$									
$\tan\theta$									

82
$\sin\theta$, $\cos\theta$, $\tan\theta$ の値の正負を各象限について考え, 図の□に + または − を記入しなさい.

$\sin\theta$ の正負 $\cos\theta$ の正負 $\tan\theta$ の正負

方針 各象限について, $\sin\theta=\dfrac{y}{r}$, $\cos\theta=\dfrac{x}{r}$, $\tan\theta=\dfrac{y}{x}$ の符号を決定する.

83
次の [   ] に適切な語句や記号などを記入しなさい.
点 $(1,\ 0)$ を原点のまわりに θ だけ回転した点を $P(x,\ y)$ とすると, $x=$ [(ア)], $y=$ [(イ)] である. したがって, $\sin\theta$, $\cos\theta$ のとりうる値の範囲は
[(ウ)] $\leqq\sin\theta\leqq$ [(エ)], [(オ)] $\leqq\cos\theta\leqq$ [(カ)]
となる. また, 直線 OP と直線 $x=1$ との交点を $T(1,\ t)$ とすると, $t=$ [(キ)] であるから, $\tan\theta$ は [(ク)] をとりうる.

84
$0\leqq\theta<2\pi$ のとき, 次の式を満たす θ を求めなさい.
(1) $\sin\theta=\dfrac{1}{2}$ (2) $\cos\theta=-\dfrac{\sqrt{2}}{2}$ (3) $\tan\theta=\sqrt{3}$

方針 単位円を利用して求める.

81

θ	0	$\dfrac{\pi}{6}$	$\dfrac{\pi}{4}$	$\dfrac{\pi}{3}$	$\dfrac{\pi}{2}$	$\dfrac{2\pi}{3}$	$\dfrac{3\pi}{4}$	$\dfrac{5\pi}{6}$	π
$\sin\theta$	0	$\dfrac{1}{2}$	$\dfrac{\sqrt{2}}{2}$	$\dfrac{\sqrt{3}}{2}$	1	$\dfrac{\sqrt{3}}{2}$	$\dfrac{\sqrt{2}}{2}$	$\dfrac{1}{2}$	0
$\cos\theta$	1	$\dfrac{\sqrt{3}}{2}$	$\dfrac{\sqrt{2}}{2}$	$\dfrac{1}{2}$	0	$-\dfrac{1}{2}$	$-\dfrac{\sqrt{2}}{2}$	$-\dfrac{\sqrt{3}}{2}$	-1
$\tan\theta$	0	$\dfrac{\sqrt{3}}{3}$	1	$\sqrt{3}$		$-\sqrt{3}$	-1	$-\dfrac{\sqrt{3}}{3}$	0

3

三角関数

82

$\sin\theta$ の正負　　$\cos\theta$ の正負　　$\tan\theta$ の正負

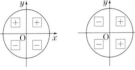

83

(ア)　$\cos\theta$　　(イ)　$\sin\theta$　　(ウ)　-1

(エ)　1　　(オ)　-1　　(カ)　1

(キ)　$\tan\theta$　　(ク)　すべての実数値

84

(1)　$\sin\theta=\dfrac{1}{2}$ より　　　$\theta=\dfrac{\pi}{6},\ \dfrac{5\pi}{6}$

(2)　$\cos\theta=-\dfrac{\sqrt{2}}{2}$ より　　$\theta=\dfrac{3\pi}{4},\ \dfrac{5\pi}{4}$

(3)　$\tan\theta=\sqrt{3}$ より　　　$\theta=\dfrac{\pi}{3},\ \dfrac{4\pi}{3}$

22 三角関数の相互関係

85 θ は第 2 象限の角で, $\sin \theta = \dfrac{1}{3}$ のとき, $\cos \theta$, $\tan \theta$ の
値を求めなさい.

方針 $\sin^2 \theta + \cos^2 \theta = 1$, $\tan \theta = \dfrac{\sin \theta}{\cos \theta}$ の利用.

▶ 第 2 象限では $\cos \theta < 0$

---

86 次の式を簡単にしなさい.

(1) $\sin\left(\theta + \dfrac{\pi}{2}\right)$ 　　　(2) $\cos\left(\theta + \dfrac{\pi}{2}\right)$

(3) $\tan\left(\theta + \dfrac{\pi}{2}\right)$

方針 単位円を利用して考える.

▶ 加法定理を利用してもよい. (☞問題 **93**)

---

87 $\sin \theta + \cos \theta = -\dfrac{1}{2}$ のとき, $\sin \theta \cos \theta$ の値を求めなさい.

方針 $\sin^2 \theta + \cos^2 \theta = 1$ の利用.

▶ $(\sin \theta + \cos \theta)^2 = \sin^2 \theta + 2 \sin \theta \cos \theta + \cos^2 \theta$
　　　　　　　　　　$= 1 + 2 \sin \theta \cos \theta$

---

88 次の等式を証明しなさい.

$$\cos^2 \theta - \cos^4 \theta = \sin^2 \theta - \sin^4 \theta$$

方針 $\cos^2 \theta = 1 - \sin^2 \theta$ の利用.

▶ 左辺に代入して変形する.

★ 左辺－右辺＝0 を示してもよい.

ANSWER

85

条件より， $\cos\theta = -\sqrt{1-\left(\dfrac{1}{3}\right)^2} = -\dfrac{2\sqrt{2}}{3}$

よって， $\tan\theta = \dfrac{\sin\theta}{\cos\theta} = \dfrac{\dfrac{1}{3}}{-\dfrac{2\sqrt{2}}{3}} = -\dfrac{1}{2\sqrt{2}} = -\dfrac{\sqrt{2}}{4}$

86

(1) $\sin\left(\theta+\dfrac{\pi}{2}\right) = \cos\theta$

(2) $\cos\left(\theta+\dfrac{\pi}{2}\right) = -\sin\theta$

(3) $\tan\left(\theta+\dfrac{\pi}{2}\right) = \dfrac{\sin\left(\theta+\dfrac{\pi}{2}\right)}{\cos\left(\theta+\dfrac{\pi}{2}\right)}$

$= \dfrac{\cos\theta}{-\sin\theta}$

$= -\dfrac{1}{\tan\theta}$

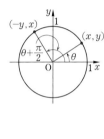

87

$\sin\theta + \cos\theta = -\dfrac{1}{2}$ の両辺を平方して

$$(\sin\theta+\cos\theta)^2 = \left(-\dfrac{1}{2}\right)^2$$

$$\sin^2\theta + 2\sin\theta\cos\theta + \cos^2\theta = \dfrac{1}{4}$$

$$2\sin\theta\cos\theta + 1 = \dfrac{1}{4}$$

ゆえに， $\sin\theta\cos\theta = -\dfrac{3}{8}$

88

左辺 $= \cos^2\theta - \cos^4\theta = \cos^2\theta\,(1-\cos^2\theta)$
$= (1-\sin^2\theta)\cdot\sin^2\theta$
$= \sin^2\theta - \sin^4\theta = $ 右辺

23 三角関数のグラフ，方程式・不等式

89
□

次の関数が，偶関数であるか，奇関数であるか，あるいはどちらでもないかを判定しなさい．

(1) $y=\sin^2 x$ 　　　　(2) $y=\cos\left(\dfrac{\pi}{2}-x\right)$

(3) $y=\tan 5x+1$

方針 $f(x)$ が偶関数 $\Longleftrightarrow f(-x)=f(x)$
$\quad\quad f(x)$ が奇関数 $\Longleftrightarrow f(-x)=-f(x)$

90
□

次の □ に適切な数値を記入しなさい．

　関数 $y=\sin\left(3x+\dfrac{\pi}{4}\right)$ ……① のグラフは，

関数 $y=\sin 3x$ ……② のグラフを x 軸方向に □(ア) だけ平行移動した曲線である．また，関数①の周期は □(イ) である．

方針 $f(x)$ が周期 T の周期関数 $\Longleftrightarrow f(x+T)=f(x)$

▶ $y=\sin 3\left(x+\dfrac{\pi}{12}\right)$ と変形して，グラフの平行移動を考える．

▶ 周期については，正の周期のうち，最小の値を求めればよい．この値を基本周期という．

91
□

$0\leqq\theta<2\pi$ のとき，次の方程式を解きなさい．
$$3\cos\theta-2\sin^2\theta=0$$

方針 $\sin^2\theta=1-\cos^2\theta$ を利用して $\cos\theta$ のみの方程式にする．

92
□

$0\leqq\theta<2\pi$ のとき，次の不等式を解きなさい．
$$2(\sqrt{3}-1)\sin\theta+4\leqq 4\cos^2\theta+\sqrt{3}$$

方針 $\cos^2\theta=1-\sin^2\theta$ を利用して，$\sin\theta$ のみの不等式にする．

A   N   S   W   E   R

89

(1)　$y=\sin^2 x$ は**偶関数**.

(2)　$y=\cos\left(\dfrac{\pi}{2}-x\right)=\sin x$ は**奇関数**.

(3)　$y=\tan 5x+1$ は**どちらでもない**.

90　(ア)　$-\dfrac{\pi}{12}$　　(イ)　$\dfrac{2}{3}\pi$

3

三角関数

[解説]

(ア)：$y=\sin 3\left(x+\dfrac{\pi}{12}\right)$ より

　　　x 軸方向の $-\dfrac{\pi}{12}$ の平行移動である.

(イ)：関数①の周期は関数②の周期に一致する.

　　　$f(x)=\sin 3x$ とおくと

　　　$f(x+T)=\sin 3(x+T)=\sin(3x+3T)$

　　すべての x について $f(x+T)-f(x)$ となるためには

　　　　　　　　$3T=2n\pi$　　　（n は整数）

　　これを満たす T のうち，正で最小の値は　$T=\dfrac{2}{3}\pi$

91

$3\cos\theta-2\sin^2\theta=0$

$3\cos\theta-2(1-\cos^2\theta)=0$

$2\cos^2\theta+3\cos\theta-2=0$

$(\cos\theta+2)(2\cos\theta-1)=0$

$-1\leqq\cos\theta\leqq1$ であるから，$\cos\theta=\dfrac{1}{2}$

$0\leqq\theta<2\pi$ であるから，$\theta=\dfrac{\pi}{3}$, $\dfrac{5}{3}\pi$

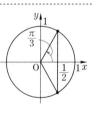

92

$2(\sqrt{3}-1)\sin\theta+4\leqq4\cos^2\theta+\sqrt{3}$

$2(\sqrt{3}-1)\sin\theta+4\leqq4(1-\sin^2\theta)+\sqrt{3}$

$4\sin^2\theta+2(\sqrt{3}-1)\sin\theta-\sqrt{3}\leqq0$

$(2\sin\theta-1)(2\sin\theta+\sqrt{3})\leqq0$

よって，$-\dfrac{\sqrt{3}}{2}\leqq\sin\theta\leqq\dfrac{1}{2}$

$0\leqq\theta<2\pi$ であるから　$0\leqq\theta\leqq\dfrac{\pi}{6}$, $\dfrac{5}{6}\pi\leqq\theta\leqq\dfrac{4}{3}\pi$, $\dfrac{5}{3}\pi\leqq\theta<2\pi$

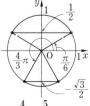

24 三角関数の加法定理

93
次の値を求めなさい.
(1) $\sin 75°$ (2) $\cos 105°$ (3) $\tan 15°$

> $\sin(\alpha \pm \beta) = \sin \alpha \cos \beta \pm \cos \alpha \sin \beta$
> $\cos(\alpha \pm \beta) = \cos \alpha \cos \beta \mp \sin \alpha \sin \beta$
> $\tan(\alpha \pm \beta) = \dfrac{\tan \alpha \pm \tan \beta}{1 \mp \tan \alpha \tan \beta}$
>
> （複号同順）

94
α は第 2 象限の角, β は第 3 象限の角で
$$\sin \alpha = \frac{3}{5}, \quad \cos \beta = -\frac{5}{13}$$
を満たすとき, $\sin(\alpha + \beta)$ の値を求めなさい.

方針 まず, $\cos \alpha$, $\sin \beta$ を求め, 加法定理を利用する.

95
次の 2 直線のなす角を求めなさい.
$$y = 3x, \quad y = \frac{1}{2}x$$

方針 2 直線と x 軸とのなす角をそれぞれ α, β とする
とき, $\tan(\alpha - \beta)$ を計算する.
▶ 直線 $y = mx + n$ と x 軸とのなす角を θ とすると,
$m = \tan \theta$

96
右の三角形 ABC で, 辺 BC の長さ
を求めなさい.

方針 余弦定理の利用.
$a^2 = b^2 + c^2 - 2bc \cos A$

▶ $\cos 75°$ は加法定理で求める.
$$\begin{aligned}
\cos 75° &= \cos(45° + 30°) \\
&= \cos 45° \cos 30° - \sin 45° \sin 30° \\
&= \frac{\sqrt{2}}{2} \cdot \frac{\sqrt{3}}{2} - \frac{\sqrt{2}}{2} \cdot \frac{1}{2} = \frac{\sqrt{6} - \sqrt{2}}{4}
\end{aligned}$$

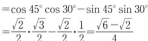

93

(1) $\sin 75° = \sin(45° + 30°) = \sin 45° \cos 30° + \cos 45° \sin 30°$

$= \dfrac{\sqrt{2}}{2} \cdot \dfrac{\sqrt{3}}{2} + \dfrac{\sqrt{2}}{2} \cdot \dfrac{1}{2} = \dfrac{\sqrt{6} + \sqrt{2}}{4}$

(2) $\cos 105° = \cos(60° + 45°) = \cos 60° \cos 45° - \sin 60° \sin 45°$

$= \dfrac{1}{2} \cdot \dfrac{\sqrt{2}}{2} - \dfrac{\sqrt{3}}{2} \cdot \dfrac{\sqrt{2}}{2} = \dfrac{\sqrt{2} - \sqrt{6}}{4}$

(3) $\tan 15° = \tan(60° - 45°) = \dfrac{\tan 60° - \tan 45°}{1 + \tan 60° \tan 45°}$

$= \dfrac{\sqrt{3} - 1}{1 + \sqrt{3} \cdot 1} = \dfrac{\sqrt{3} - 1}{\sqrt{3} + 1} = \dfrac{(\sqrt{3} - 1)^2}{3 - 1} = 2 - \sqrt{3}$

94

$\cos \alpha = -\sqrt{1 - \left(\dfrac{3}{5}\right)^2} = -\dfrac{4}{5}$

$\sin \beta = -\sqrt{1 - \left(-\dfrac{5}{13}\right)^2} = -\dfrac{12}{13}$

$\sin(\alpha + \beta) = \sin \alpha \cos \beta + \cos \alpha \sin \beta$

$= \dfrac{3}{5} \cdot \left(-\dfrac{5}{13}\right) + \left(-\dfrac{4}{5}\right) \cdot \left(-\dfrac{12}{13}\right) = \dfrac{-15 + 48}{65} = \dfrac{33}{65}$

95

右図のように α, β, θ を定めると $\tan \alpha = 3$, $\tan \beta = \dfrac{1}{2}$

$\tan \theta = \tan(\alpha - \beta) = \dfrac{\tan \alpha - \tan \beta}{1 + \tan \alpha \tan \beta}$

$= \dfrac{3 - \dfrac{1}{2}}{1 + 3 \times \dfrac{1}{2}} = 1$

よって，$\theta = \dfrac{\pi}{4}$

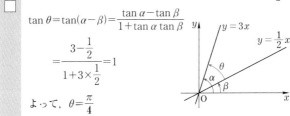

96

$BC^2 = 2^2 + (\sqrt{6})^2 - 2 \cdot 2 \cdot \sqrt{6} \cos 75°$

$= 4 + 6 - 4\sqrt{6} \cdot \dfrac{\sqrt{6} - \sqrt{2}}{4} = 4 + 2\sqrt{3}$

よって，$BC = \sqrt{4 + 2\sqrt{3}} = \sqrt{(\sqrt{3} + 1)^2} = \sqrt{3} + 1$

25 2倍角の公式

97 θ は第2象限の角で，$\sin\theta=\dfrac{4}{5}$ を満たすとき，$\sin 2\theta$，$\cos 2\theta$ の値を求めなさい．

方針 $\cos\theta$ の値を求め，さらに2倍角の公式を利用する．

$$\sin 2\theta = 2\sin\theta\cos\theta$$
$$\cos 2\theta = \cos^2\theta - \sin^2\theta$$
$$= 2\cos^2\theta - 1 = 1 - 2\sin^2\theta$$

---

98 $\sin\theta + \cos\theta = -\dfrac{1}{4}$ のとき，$\sin 2\theta$ の値を求めなさい．

方針 与式の両辺を平方する．
▶ $\sin^2\theta + \cos^2\theta = 1$
▶ $2\sin\theta\cos\theta = \sin 2\theta$

---

99 $0 \leqq \theta < 2\pi$ のとき，次の方程式を解きなさい．
$$\sin 2\theta = \sin\theta$$

方針 $\sin 2\theta = 2\sin\theta\cos\theta$ を利用して因数分解する．

---

100 $0 \leqq \theta < 2\pi$ のとき，次の不等式を解きなさい．
$$\cos 2\theta > \sin\theta$$

方針 $\cos 2\theta = 1 - 2\sin^2\theta$ を利用して，$\sin\theta$ のみの不等式を解く．

3

三角関数

97

$\cos \theta = -\sqrt{1-\left(\dfrac{4}{5}\right)^2} = -\dfrac{3}{5}$ より

$\sin 2\theta = 2\sin\theta\cos\theta = 2\cdot\dfrac{4}{5}\cdot\left(-\dfrac{3}{5}\right) = -\dfrac{24}{25}$

$\cos 2\theta = 1-2\sin^2\theta = 1-2\cdot\left(\dfrac{4}{5}\right)^2 = -\dfrac{7}{25}$

98

与式の両辺を平方して $(\sin\theta+\cos\theta)^2 = \left(-\dfrac{1}{4}\right)^2$

$$\sin^2\theta+2\sin\theta\cos\theta+\cos^2\theta = \dfrac{1}{16}$$

$$\sin 2\theta+1 = \dfrac{1}{16}$$

ゆえに， $\sin 2\theta = -\dfrac{15}{16}$

99

$\sin 2\theta = \sin\theta$

$2\sin\theta\cos\theta = \sin\theta$

$2\sin\theta\cos\theta-\sin\theta = 0$

$\sin\theta(2\cos\theta-1) = 0$

よって，$\sin\theta = 0$ または $\cos\theta = \dfrac{1}{2}$

ゆえに， $\theta = 0,\ \dfrac{\pi}{3},\ \pi,\ \dfrac{5}{3}\pi$

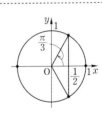

100

$\cos 2\theta > \sin\theta$

$1-2\sin^2\theta > \sin\theta$

$2\sin^2\theta+\sin\theta-1 < 0$

$(\sin\theta+1)(2\sin\theta-1) < 0$

よって，$-1 < \sin\theta < \dfrac{1}{2}$

ゆえに

$$0 \le \theta < \dfrac{\pi}{6},\ \ \dfrac{5}{6}\pi < \theta < \dfrac{3}{2}\pi,\ \ \dfrac{3}{2}\pi < \theta < 2\pi$$

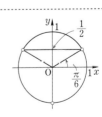

26 三角関数の合成，和積公式・積和公式

101
☐
$0 \leq \theta < 2\pi$ のとき，次の関数の最大値，最小値を求めなさい.

(1) $\sqrt{3} \sin \theta + \cos \theta$ (2) $\sin \theta - \cos \theta$

方針 三角関数の合成を行い，θ を 1 か所にする.

102
☐
次の値を求めなさい.

(1) $\sin 75° + \sin 15°$ (2) $\cos 75° \cos 15°$

方針 和積公式，積和公式の利用.

▶ $\sin A + \sin B = 2 \sin \dfrac{A+B}{2} \cos \dfrac{A-B}{2}$

   $\cos \alpha \cos \beta = \dfrac{1}{2}\{\cos(\alpha+\beta)+\cos(\alpha-\beta)\}$

103
☐
$0 \leq \theta < 2\pi$ のとき，次の方程式を解きなさい.
$$\sin \theta + \sin 3\theta = 0$$

方針 3 倍角の公式を用いてもよいが，和積公式の利用を考える.

▶ $\sin \theta + \sin 3\theta = 2 \sin \dfrac{\theta+3\theta}{2} \cos \dfrac{\theta-3\theta}{2}$

104
☐
次の式を満たす三角形 ABC はどのような形の三角形か答えなさい.
$$\sin 2A = \sin 2B$$

方針 和積公式の利用.
$$\sin 2A - \sin 2B = 2 \cos(A+B) \sin(A-B)$$

101

(1) $\sqrt{3}\sin\theta+\cos\theta=2\left(\sin\theta\cdot\dfrac{\sqrt{3}}{2}+\cos\theta\cdot\dfrac{1}{2}\right)$

$\qquad\qquad\qquad\quad=2\left(\sin\theta\cos\dfrac{\pi}{6}+\cos\theta\sin\dfrac{\pi}{6}\right)$

$\qquad\qquad\qquad\quad=2\sin\left(\theta+\dfrac{\pi}{6}\right)$

ゆえに, 最大値 **2**, 最小値 **−2**

(2) $\sin\theta-\cos\theta=\sqrt{2}\left(\sin\theta\cdot\dfrac{1}{\sqrt{2}}-\cos\theta\cdot\dfrac{1}{\sqrt{2}}\right)$

$\qquad\qquad\qquad=\sqrt{2}\left(\sin\theta\cos\dfrac{\pi}{4}-\cos\theta\sin\dfrac{\pi}{4}\right)$

$\qquad\qquad\qquad=\sqrt{2}\sin\left(\theta-\dfrac{\pi}{4}\right)$

ゆえに, 最大値 $\sqrt{2}$, 最小値 $-\sqrt{2}$

3

三角関数

102

(1) $\sin75°+\sin15°=2\sin45°\cos30°=2\cdot\dfrac{1}{\sqrt{2}}\cdot\dfrac{\sqrt{3}}{2}=\dfrac{\sqrt{6}}{2}$

(2) $\cos75°\cos15°=\dfrac{1}{2}(\cos90°+\cos60°)=\dfrac{1}{4}$

103

$\sin\theta+\sin3\theta=0$ より $\quad2\sin2\theta\cos(-\theta)=0$

$\qquad\qquad\qquad\qquad\quad 2\cdot2\sin\theta\cos\theta\cdot\cos\theta=0$

$\qquad\qquad\qquad\qquad\qquad\quad 4\sin\theta\cos^2\theta=0$

よって, $\sin\theta=0$ または $\cos\theta=0$

ゆえに, $\qquad\theta=\mathbf{0},\ \dfrac{\pi}{2},\ \pi,\ \dfrac{3}{2}\pi$

104

$\sin2A=\sin2B$ より $\sin2A-\sin2B=0$

$\qquad\qquad\qquad 2\cos(A+B)\sin(A-B)=0$

よって, $\cos(A+B)=0$ または $\sin(A-B)=0$

$0<A+B<\pi,\ -\pi<A-B<\pi$ より

$A+B=\dfrac{\pi}{2}$ または $A-B=0$

ゆえに, △ABC は,

$\quad C=\dfrac{\pi}{2}$ の直角三角形 または $A=B$ の二等辺三角形

(参考) $\sin2A=\sin2B$ より, $2A=2B$ または $2A+2B=\pi$ と
考えることもできる.

27 指数法則と累乗根

105
□

次の値を求めなさい.
(1) 3^{-2} (2) 7^0 (3) $(-2)^{-3}$
(4) $\sqrt[3]{64}$ (5) $\sqrt[4]{81}$ (6) $\sqrt[5]{-32}$

> **a^0 と a^{-n} ($a \neq 0$, n は自然数)**
>
> $$a^0 = 1, \quad a^{-n} = \frac{1}{a^n}$$

106
□

次の3つの数を小さい順に並べなさい.
$$\sqrt[3]{3}, \quad \sqrt[4]{4}, \quad \sqrt[5]{5}$$

方針 2つずつ取り出し,それぞれ何乗かして比較する.

107
□

次の計算をしなさい.
(1) $\sqrt[3]{15} \times \sqrt[3]{18} \div \sqrt[3]{-10}$

(2) $\sqrt[3]{24} + \sqrt[3]{-81} + \sqrt[3]{\dfrac{1}{9}}$

> **累乗根の性質 ($a>0$, $b>0$, n は自然数)**
>
> $$\sqrt[n]{a} \cdot \sqrt[n]{b} = \sqrt[n]{ab}, \quad \frac{\sqrt[n]{a}}{\sqrt[n]{b}} = \sqrt[n]{\frac{a}{b}}$$

108
□

次の計算をしなさい.
$$\left(\sqrt[4]{32} \times 2^{-\frac{3}{4}} \right)^9 \div (\sqrt[6]{8})^3$$

> **指数法則** $a^m \times a^n = a^{m+n}$, $a^m \div a^n = a^{m-n}$, $(a^m)^n = a^{mn}$
>
> $$(ab)^n = a^n b^n, \quad \left(\frac{a}{b} \right)^n = \frac{a^n}{b^n}$$

> **累乗根と指数 ($a>0$, m, n は自然数)**
>
> $$\sqrt[n]{a^m} = a^{\frac{m}{n}}, \quad \frac{1}{\sqrt[n]{a^m}} = a^{-\frac{m}{n}}$$

A　N　S　W　E　R

105

(1)　$3^{-2}=\dfrac{1}{3^2}=\dfrac{\mathbf{1}}{\mathbf{9}}$　　(2)　$7^0=\mathbf{1}$

(3)　$(-2)^{-3}=\dfrac{1}{(-2)^3}=\dfrac{1}{-8}=-\dfrac{\mathbf{1}}{\mathbf{8}}$

(4)　$\sqrt[3]{64}=\sqrt[3]{4^3}=\mathbf{4}$

(5)　$\sqrt[4]{81}=\sqrt[4]{3^4}=\mathbf{3}$

(6)　$\sqrt[5]{-32}=\sqrt[5]{(-2)^5}=-\mathbf{2}$

106

$\sqrt[4]{4}=\sqrt{2}$ である.

$\begin{cases}(\sqrt[3]{3})^6=3^2=9 \\ (\sqrt[4]{4})^6=(\sqrt{2})^6=2^3=8\end{cases}$　　よって, $\sqrt[4]{4}<\sqrt[3]{3}$

$\begin{cases}(\sqrt[4]{4})^{10}=(\sqrt{2})^{10}=2^5=32 \\ (\sqrt[5]{5})^{10}=5^2=25\end{cases}$　　よって, $\sqrt[5]{5}<\sqrt[4]{4}$

ゆえに, $\sqrt[5]{5}<\sqrt[4]{4}<\sqrt[3]{3}$

(参考) $\sqrt[3]{3}>\sqrt[4]{4}>\sqrt[5]{5}>\sqrt[6]{6}>\sqrt[7]{7}>\cdots$ である.

　なお, $\sqrt{2}=\sqrt[4]{4}$ である.

107

(1)　$\sqrt[3]{15}\times\sqrt[3]{18}\div\sqrt[3]{-10}=\sqrt[3]{\dfrac{15\times18}{-10}}$

$=\sqrt[3]{-27}=\sqrt[3]{(-3)^3}=-\mathbf{3}$

(2)　$\sqrt[3]{24}+\sqrt[3]{-81}+\sqrt[3]{\dfrac{1}{9}}=\sqrt[3]{2^3\cdot3}+\sqrt[3]{(-3)^3\cdot3}+\sqrt[3]{\dfrac{3}{3^3}}$

$=2\sqrt[3]{3}+(-3)\sqrt[3]{3}+\dfrac{1}{3}\sqrt[3]{3}=\left(2-3+\dfrac{1}{3}\right)\sqrt[3]{3}$

$=-\dfrac{\mathbf{2}}{\mathbf{3}}\sqrt[3]{3}$

108

$\left(\sqrt[4]{32}\times2^{-\frac{3}{4}}\right)^9\div(\sqrt[6]{8})^3=\left(\sqrt[4]{2^5}\times2^{-\frac{3}{4}}\right)^9\div(\sqrt[6]{2^3})^3$

$=\left(2^{\frac{5}{4}}\times2^{-\frac{3}{4}}\right)^9\div\left\{(2^3)^{\frac{1}{6}}\right\}^3=\left\{2^{\frac{5}{4}+\left(-\frac{3}{4}\right)}\right\}^9\div2^{3\times\frac{1}{6}\times3}$

$=2^{\frac{1}{2}\times9}\div2^{\frac{3}{2}}=2^{\frac{9}{2}}\div2^{\frac{3}{2}}$

$=2^{\frac{9}{2}-\frac{3}{2}}=2^3=\mathbf{8}$

28 指数関数

109 ☐ ☐ にあてはまる数を答えなさい.
関数 $y = 8 \cdot 2^x$ のグラフは，関数 $y = 2^x$ のグラフを x 軸
方向に ☐ だけ平行移動した曲線である.

方針 $8 \cdot 2^x = 2^3 \cdot 2^x = 2^{x+3}$ と変形して，平行移動の大き
さを調べる.

---

110 ☐ 次の3つの数を小さい順に並べなさい.
$$\sqrt[3]{16}, \quad \sqrt[5]{64}, \quad 2\sqrt[4]{2}$$

方針 2^p の形に変形して，大小を判定する.
▶ $\sqrt[3]{16} = 16^{\frac{1}{3}} = (2^4)^{\frac{1}{3}} = 2^{\frac{4}{3}}$

---

111 ☐ 次の方程式を解きなさい.
$$9^x - 7 \cdot 3^x - 18 = 0$$

方針 $9^x = (3^2)^x = 3^{2x} = (3^x)^2$ と考えて因数分解する.

---

112 ☐ 次の不等式を解きなさい.
$$4^x - 3 \cdot 2^{x+2} + 32 < 0$$

方針 $2^{x+2} = 4 \cdot 2^x$ などに注意して因数分解する.

A N S W E R

109

$$y=8\cdot 2^x=2^3\cdot 2^x=2^{x+3}$$

よって，関数 $y=2^x$ のグラフを x 軸方向に -3 だけ平行移動した曲線である．

110

$$\sqrt[3]{16}=2^{\frac{4}{3}},\ \sqrt[5]{64}=2^{\frac{6}{5}},\ 2\sqrt[4]{2}=2^{\frac{5}{4}}$$

$\dfrac{6}{5}<\dfrac{5}{4}<\dfrac{4}{3}$ であるから，$2^{\frac{6}{5}}<2^{\frac{5}{4}}<2^{\frac{4}{3}}$

すなわち，$\qquad \sqrt[5]{64}<2\sqrt[4]{2}<\sqrt[3]{16}$

(参考) $\sqrt[3]{16}=2\sqrt[3]{2}$，$\sqrt[5]{64}=2\sqrt[5]{2}$

と変形してから比較してもよい．

111

$$9^x-7\cdot 3^x-18=0$$
$$(3^x)^2-7\cdot 3^x-18=0$$
$$(3^x+2)(3^x-9)=0$$

$3^x>0$ であるから $3^x=9$

ゆえに，$\qquad x=2$

112

$$4^x-3\cdot 2^{x+2}+32<0$$
$$(2^x)^2-3\cdot 2^2\cdot 2^x+32<0$$
$$(2^x)^2-12\cdot 2^x+32<0$$
$$(2^x-4)(2^x-8)<0$$
$$4<2^x<8$$
$$2^2<2^x<2^3$$

ゆえに，$\qquad 2<x<3$

29 対　数

113 次の値を求めなさい.

(1) $\log_2 64$　　(2) $\log_3 \dfrac{1}{9}$　　(3) $\log_{\frac{1}{5}} 25$

方針 $\log_a a^b = b \log_a a = b$ を利用する.

114 次の計算をしなさい.

(1) $\log_3 90 + \log_3 36 - \log_3 40$

(2) $\log_2 3 \log_9 16$

> **対数の公式**　$\log_a M + \log_a N = \log_a MN$
>
> $\log_a M - \log_a N = \log_a \dfrac{M}{N}$
>
> $\log_a M^n = n \log_a M$
>
> $\log_a b = \dfrac{\log_c b}{\log_c a}$

115 $\log_{10} 2 = a$, $\log_{10} 3 = b$ とするとき, $\log_6 90$ を a, b を用いて表しなさい.

方針 底の変換公式の利用.

▶ まず, 底を 10 にそろえる.

116 $2^{\log_4 9}$ を簡単にしなさい.

方針 $2^{\log_4 9} = x$ とおいて, 両辺の対数をとる.

▶ $2^b = x$ より　$b = \log_2 x$

113

(1)　$\log_2 64 = \log_2 2^6 = \mathbf{6}$

(2)　$\log_3 \dfrac{1}{9} = \log_3 3^{-2} = \mathbf{-2}$

(3)　$\log_{\frac{1}{5}} 25 = \log_{\frac{1}{5}} \left(\dfrac{1}{5}\right)^{-2} = \mathbf{-2}$

(参考) (3)　$\log_{\frac{1}{5}} 25 = \dfrac{\log_5 25}{\log_5 \dfrac{1}{5}} = \dfrac{2}{-1} = -2$

114

(1)　$\log_3 90 + \log_3 36 - \log_3 40$

$= \log_3 \dfrac{90 \times 36}{40} = \log_3 81 = \log_3 3^4 = \mathbf{4}$

(2)　$\log_2 3 \log_9 16 = \log_2 3 \cdot \dfrac{\log_2 16}{\log_2 9}$

$= \log_2 3 \cdot \dfrac{4}{2\log_2 3} = \mathbf{2}$

115

$\log_6 90 = \dfrac{\log_{10} 90}{\log_{10} 6}$

$= \dfrac{\log_{10} 9 + \log_{10} 10}{\log_{10} 2 + \log_{10} 3}$

$= \dfrac{2\log_{10} 3 + 1}{\log_{10} 2 + \log_{10} 3} = \dfrac{\mathbf{2b+1}}{\mathbf{a+b}}$

116

$2^{\log_4 9} = x$ とおいて，両辺の2を底とする対数をとると

$$\log_4 9 = \log_2 x$$

ここで，$\log_4 9 = \dfrac{\log_2 9}{\log_2 4} = \dfrac{2\log_2 3}{2} = \log_2 3$

よって，　　　　　$\log_2 3 = \log_2 x$

ゆえに，　　　　　$x = 3$

すなわち，　　　　$2^{\log_4 9} = \mathbf{3}$

4

指数関数・対数関数

30 対数関数

117
□ 次の □ にあてはまる数を答えなさい.
関数 $y = \log_{\frac{1}{2}} 4x$ のグラフは, 関数 $y = -\log_2 x$ のグラフを y 軸方向に □ だけ平行移動したものである.

方針 底を 2 に変換してから変形する.

118
□ $\log_2 3$ と $\dfrac{3}{2}$ とではどちらが大きいか答えなさい.

方針 $0 < A < B$ のとき $\log_2 A < \log_2 B$
▶ $2\log_2 3$ と 3 との大小を調べる, と考える.

119
□ 次の不等式を解きなさい.
$$(\log_2 x)^2 - \log_2 x^2 - 3 > 0$$

方針 $x > 0$ のとき, $\log_2 x^2 = 2\log_2 x$ に注意して因数分解する.
▶ $\log_2 x = X$ とおくと
$$X^2 - 2X - 3 > 0$$
$$(X+1)(X-3) > 0$$

120
□ 4^{15} は何桁の数か答えなさい. ただし, $\log_{10} 2 = 0.3010$ とする.

方針 常用対数の利用.

自然数の桁数	$n \leqq \log_{10} N < n+1$
	$\Longleftrightarrow 10^n \leqq N < 10^{n+1}$
	$\Longleftrightarrow N$ は $n+1$ 桁

117

$$y=\log_{\frac{1}{2}} 4x=\frac{\log_2 4x}{\log_2 \frac{1}{2}}=\frac{\log_2 4+\log_2 x}{-1}=-\log_2 x-2$$

よって，関数 $y=-\log_2 x$ のグラフを y 軸方向に -2 だけ
平行移動したものである．

118

$$2\log_2 3=\log_2 3^2=\log_2 9$$
$$3=3\log_2 2=\log_2 2^3=\log_2 8$$

よって，　　　　　　　　$3<2\log_2 3$

ゆえに，　　　　　　　　$\dfrac{3}{2}<\log_2 3$

119

真数 >0 より $x>0$

$$(\log_2 x)^2-\log_2 x^2-3>0$$
$$(\log_2 x)^2-2\log_2 x-3>0$$
$$(\log_2 x+1)(\log_2 x-3)>0$$

よって，$\log_2 x<-1$，$3<\log_2 x$
$$x<2^{-1}，2^3<x$$

すなわち，　　　　　　$x<\dfrac{1}{2}，8<x$

$x>0$ であるから，　　　$0<x<\dfrac{1}{2}，8<x$

120

$$\log_{10} 4^{15}=\log_{10} (2^2)^{15}=\log_{10} 2^{30}$$
$$=30\log_{10} 2=30\times 0.3010=9.030$$

よって，　　　　$9<\log_{10} 4^{15}<10$
$$10^9<4^{15}<10^{10}$$

10^9 は 10 桁の最小自然数，10^{10} は 11 桁の最小自然数であ
るから，4^{15} は **10 桁** の数である．

31 微分係数と導関数

121 次の関数を微分しなさい.
$$f(x)=2x^3+5x^2-7x+3$$

方針 $\{\alpha f(x)+\beta g(x)\}'=\alpha f'(x)+\beta g'(x)$ の利用.

$\blacktriangleright$ $(x^n)'=nx^{n-1}$

122 関数 $f(x)=-5x^3+4x+1$ について, 微分係数 $f'(2)$ を求めなさい.

方針 $f'(x)$ を求め, $x=2$ を代入する.

5

微

分

123 関数 $f(x)=x^2$ の $x=p$ から $x=q$ までの平均変化率と $x=t$ における微分係数 $f'(t)$ とが等しい.
このとき, t を p, q で表しなさい.

方針 平均変化率 $=\dfrac{f(q)-f(p)}{q-p}$

124 関数 $f(x)=7+2x-4x^3$ について, $y=f(x)$ のグラフ上の点 $(1, 5)$ における接線の方程式を求めなさい.

方針 $x=t$ における接線の傾きは, 微分係数 $f'(t)$

> **曲線の接線**
> $y=f(x)$ のグラフ上の点 $(t, f(t))$ における接線の
> 方程式は
> $$y-f(t)=f'(t)(x-t)$$

A　N　S　W　E　R

121

$$f'(x) = 2 \cdot 3x^2 + 5 \cdot 2x - 7 \cdot 1 + 0$$
$$= 6x^2 + 10x - 7$$

122

ゆえに，

$$f'(x) = -15x^2 + 4$$
$$f'(2) = -15 \cdot 2^2 + 4$$
$$= -60 + 4$$
$$= -56$$

5
微

分

123

平均変化率は

$$\frac{f(q) - f(p)}{q - p} = \frac{q^2 - p^2}{q - p}$$
$$= \frac{(q - p)(q + p)}{q - p} = p + q$$

また，　　$f'(x) = 2x$ より

$$f'(t) = 2t$$

よって，　　$2t = p + q$

ゆえに，　　$t = \dfrac{p + q}{2}$

124

$$f'(x) = 2 - 12x^2$$

よって，接線の傾きは

$$f'(1) = 2 - 12 = -10$$

ゆえに，　　$y - 5 = -10(x - 1)$

$$y = -10x + 15$$

32 関数の増減と極値

125
☐
関数 $f(x)=x^3-3x^2-9x+7$ の増減を調べ，極値を求めなさい．

方針 $f'(x)$ を求め，$f'(x)=0$ を解いて極値をとるときの x の値を求める．

▶ 増減表をかくとよい．

126
☐
関数 $f(x)=-x^3+6x+9$ の増減を調べ，極値を求めなさい．

方針 前問と同様．極値をとるときの x の値が無理数であっても方針は変わらない．

127
☐
関数 $f(x)=x^3-3x^2+3x-4$ は極値をもたないことを示しなさい．

方針 $f'(x)$ を求め，$f'(x)=0$ となる x の値の前後で $f'(x)$ の符号が変化しないことを示す．

128
☐
関数 $f(x)=x^4-4x^3+5$ の極値を求めなさい．

方針 $f'(x)=0$ となる x の値の前後で $f'(x)$ の符号が変化することを確認する．

▶ $f'(x)=0$ となる x の値の前後で $f'(x)$ の符号が変化しなければ極値ではない．

125

$f'(x)=3x^2-6x-9=3(x^2-2x-3)=3(x+1)(x-3)$

$f(x)$ の増減表は右のようになる.

よって

極大値 $f(-1)=12$

極小値 $f(3)=-20$

x	$\cdots$	-1	$\cdots$	3	$\cdots$
$f'(x)$	+	0	−	0	+
$f(x)$	↗		↘		↗

126

$f'(x)=-3x^2+6=-3(x^2-2)=-3(x+\sqrt{2})(x-\sqrt{2})$

$f(x)$ の増減表は右のようになる.

よって

極大値

$f(\sqrt{2})=4\sqrt{2}+9$

極小値

$f(-\sqrt{2})=-4\sqrt{2}+9$

x	$\cdots$	$-\sqrt{2}$	$\cdots$	$\sqrt{2}$	$\cdots$
$f'(x)$	−	0	+	0	−
$f(x)$	↘		↗		↘

5

微

分

127

$f'(x)=3x^2-6x+3=3(x-1)^2$

$f(x)$ の増減表は右のようになる.

ゆえに, $f(x)$ は極値をもたない.

(参考) $f(x)=(x-1)^3-3$

x	$\cdots$	1	$\cdots$
$f'(x)$	+	0	+
$f(x)$	↗		↗

128

$f'(x)=4x^3-12x^2=4x^2(x-3)$

$f(x)$ の増減表は右のようになる.

ゆえに,

極小値 $f(3)=-22$

極大値 なし

x	$\cdots$	0	$\cdots$	3	$\cdots$
$f'(x)$	−	0	−	0	+
$f(x)$	↘		↘		↗

33 関数の極値に関する問題

129
□ 関数 $f(x)=x^3+3x^2-ax$ が極大値および極小値をもつように，定数 a の値の範囲を定めなさい．

> **方針** $f'(x)$ を求め，$f'(x)=0$ が異なる 2 つの実数解をもつように a の値の範囲を定める．

130
□ 関数 $f(x)=x^3+ax^2+bx+3$ が $x=2$ で極値 -1 をもつという．定数 a, b の値を求めなさい．

> **方針** $f'(2)=0$, $f(2)=-1$ を連立させて解く．

131
□ 関数 $f(x)=x(x-a)^2$ が極大値 4 をもつように正の定数 a の値を定めなさい．

> **方針** $f'(x)=0$ を解く．解を α, β $(\alpha<\beta)$とすると，$f(x)$ の x^3 の係数が正であることから，$f(\alpha)$ が極大値である．

132
□ 関数 $f(x)=x^4-2x^3+ax^2$ が極大値をもつように定数 a の値の範囲を定めなさい．

> **方針** $f'(x)=0$ が異なる 3 つの実数解をもつように定数 a の値の範囲を定める．

5

微

分

129

$$f'(x)=3x^2+6x-a$$

$f'(x)=0$ が異なる 2 つの実数解をもつ条件は

$$\frac{D}{4}=3^2-3\times(-a)>0$$

$$9+3a>0$$

ゆえに， $a>-3$

(注意) $a \geqq -3$ という間違いが多発するので注意を要する．

$a=-3$ のとき，$f'(x)=3(x+1)^2 \geqq 0$ であり，$f'(x)$ は符号変化を起こさないから $f(x)$ は極値をもたない．

130

$$f'(x)=3x^2+2ax+b$$

$f'(2)=0$ より $12+4a+b=0$

$f(2)-$ 1 より $8+4a+2b+3=-1$

よって， $a=-3$，$b=0$

(参考) $f(2)=-1$ は極小値である．

5

微

分

131

$$f(x)=x^3-2ax^2+a^2x$$
$$f'(x)=3x^2-4ax+a^2=(x-a)(3x-a)$$

$f'(x)=0$ より $x=a,\ \dfrac{a}{3}$

$a>0$ であるから，$f(x)$ は $x=\dfrac{a}{3}$ で極大となる．

よって， $f\left(\dfrac{a}{3}\right)=\dfrac{a}{3}\cdot\left(-\dfrac{2}{3}a\right)^2=\dfrac{4}{27}a^3=4$

ゆえに， $a=3$

132

$$f'(x)=4x^3-6x^2+2ax=2x(2x^2-3x+a)$$

3 次方程式 $f'(x)=0$ が異なる 3 つの実数解をもつ条件を求める．すなわち，$2x^2-3x+a=0$ が 0 と異なる 2 つの実数解をもつ条件を求める．よって，

$$D=(-3)^2-4\cdot2\cdot a>0\quad かつ\quad a\neq0$$
$$9-8a>0\quad かつ\quad a\neq0$$

ゆえに， $a<0,\ 0<a<\dfrac{9}{8}$

34 最大値・最小値

133 関数 $f(x)=x^2(x+3)$ の $-2 \leqq x \leqq 2$ における最大値および最小値を求めなさい.

方針 極値および区間の端における関数値を比較する.

134 関数 $f(x)=x^2(x+3)$ の $-3 \leqq x \leqq 0$ における最大値および最小値を求めなさい.

方針 前問と同様に, 極値および区間の端における関数値を比較する.

▶ 2か所以上において, 最大あるいは最小となることもある.

135 関数 $f(x)=ax^3-6ax^2+b$ の $0 \leqq x \leqq 3$ における最大値が 5, 最小値が -22 である. a, b の値を求めなさい. ただし, $a>0$ とする.

方針 $f'(x)$ の $0 \leqq x \leqq 3$ における符号を調べる.

▶ $0 \leqq x \leqq 3$ において $x(x-4) \leqq 0$

▶ $f(0)=5$, $f(3)=-22$ を解くことになる.

136 実数 x, y が $x^2+y^2=1$ を満たしながら変化するとき, $x^2 y$ の最大値および最小値を求めなさい.

方針 x を消去して, y の 3 次関数を調べる. y の変域に注意.

▶ $x^2+y^2=1$ より, $-1 \leqq y \leqq 1$

A　N　S　W　E　R

133

$f(x)=x^3+3x^2$

$f'(x)=3x^2+6x$

$\qquad =3x(x+2)$

$y=x^3+3x^2$ のグラフは右図の
ようになる．（増減表省略）

よって，$-2\leqq x\leqq 2$ における

最大値　$f(2)=20$

最小値　$f(0)=0$

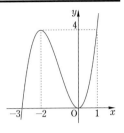

134

グラフは問題 **133** と同様．

$-3\leqq x\leqq 0$ における

最大値　$f(-2)=4$

最小値　$f(-3)=f(0)=0$

5

微

分

135

$\qquad f'(x)=3ax^2-12ax=3ax(x-4)$

$a>0$ であるから，$0\leqq x\leqq 3$ において $f'(x)\leqq 0$ となるので，
$f(x)$ は減少する．よって

最大値　$f(0)=b=5$

最小値　$f(3)=-27a+b=-22$

ゆえに，　$a=1,\ b=5$

136

$x^2+y^2=1$ より $x^2=1-y^2$

かつ $-1\leqq y\leqq 1$

$\qquad x^2y=(1-y^2)\cdot y=y-y^3$

$f(y)=y-y^3$ とおくと

$\qquad f'(y)=1-3y^2$

$-1\leqq y\leqq 1$ における $f(y)$ のグ
ラフは右図のようになり

最大値　$f\left(\dfrac{1}{\sqrt{3}}\right)=\dfrac{2}{3\sqrt{3}}=\dfrac{2\sqrt{3}}{9}$

最小値　$f\left(-\dfrac{1}{\sqrt{3}}\right)=-\dfrac{2}{3\sqrt{3}}=-\dfrac{2\sqrt{3}}{9}$

35 方程式・不等式への応用

137 方程式 $x^3-4x+1=0$ の実数解の個数を求めなさい.

方針 $y=x^3-4x+1$ のグラフと x 軸との交点の個数を調べる.

▶ 極値を調べ,その符号をもとに判定する.

138 方程式 $x^3-4x+a=0$ が異なる 3 つの実数解をもつように,定数 a の値の範囲を求めなさい.

方針 $y=x^3-4x+a$ のグラフと x 軸とが異なる 3 点で交わるようにする.

▶ 極大値 >0 かつ 極小値 <0

★ $a=-x^3+4x$ と変形し,$y=-x^3+4x$ のグラフと直線 $y=a$ とが異なる 3 点で交わる条件を求めてもよい.

139 $x>0$ のとき,$x^3+4x\geqq4x^2$ が成り立つことを証明しなさい.

方針 $f(x)=$左辺$-$右辺とおき,$f(x)$ の $x>0$ における最小値を調べる.

▶ $f(x)=x^3-4x^2+4x$ を微分して,増減を調べる.

140 $x>0$ において,不等式 $x^3-3x^2-9x+a>0$ が成り立つように,定数 a の値の範囲を定めなさい.

方針 $x>0$ における最小値を求め,最小値 >0 となればよい.

★ 与えられた不等式を $a>-x^3+3x^2+9x$ と変形し,$g(x)=-x^3+3x^2+9x$ の $x>0$ における最大値を調べてもよい.

5
微
分

A N S W E R

137
$f(x)=x^3-4x+1$ とおくと $f'(x)=3x^2-4$

$f'(x)=0$ より $x=\pm\dfrac{2}{\sqrt{3}}$

$$f\left(\dfrac{2}{\sqrt{3}}\right)=-\dfrac{16}{3\sqrt{3}}+1<0,\ \ f\left(-\dfrac{2}{\sqrt{3}}\right)=\dfrac{16}{3\sqrt{3}}+1>0$$

よって，$y=f(x)$ のグラフは x 軸と異なる 3 点で交わるので，方程式 $x^3-4x+1=0$ の実数解は **3 個** である．

138
$f(x)=x^3-4x+a$ とおくと $f'(x)=3x^2-4$

$f'(x)=0$ より $x=\pm\dfrac{2}{\sqrt{3}}$

$$f\left(\dfrac{2}{\sqrt{3}}\right)=-\dfrac{16}{3\sqrt{3}}+a,\ \ f\left(-\dfrac{2}{\sqrt{3}}\right)=\dfrac{16}{3\sqrt{3}}+a$$

よって，異なる 3 つの実数解をもつ条件は

$$-\dfrac{16}{3\sqrt{3}}+a<0\ \ \text{かつ}\ \ 0<\dfrac{16}{3\sqrt{3}}+a$$

ゆえに，$-\dfrac{16\sqrt{3}}{9}<a<\dfrac{16\sqrt{3}}{9}$

5

微

分

139
$f(x)=(x^3+4x)-4x^2=x^3-4x^2+4x$ とおくと
$$f'(x)=3x^2-8x+4=(x-2)(3x-2)$$
$f(x)$ の増減表は右のようになり，$x>0$ において
$$f(x)\geqq0$$
すなわち
$$x^3+4x\geqq4x^2$$

x	0	$\cdots$	$\dfrac{2}{3}$	$\cdots$	2	$\cdots$
$f'(x)$		+	0	−	0	+
$f(x)$	0	↗	$\dfrac{32}{27}$	↘	0	↗

140
$f(x)=x^3-3x^2-9x+a$ とおくと
$$f'(x)=3x^2-6x-9=3(x+1)(x-3)$$
$f(x)$ は $x>0$ において，$x=3$ で極小かつ最小で
$$f(3)=-27+a$$
よって，$-27+a>0$ ゆえに，$a>27$

36 不定積分

141
□ 次の不定積分を求めなさい.
(1) $\displaystyle\int 4x\,dx$　　　(2) $\displaystyle\int(2x^2-5x+3)\,dx$

方針 公式を利用して積分する.

〔公式〕 $\displaystyle\int kf(x)\,dx=k\int f(x)\,dx$

$\displaystyle\int\{f(x)+g(x)\}\,dx=\int f(x)\,dx+\int g(x)\,dx$

6
積
分

142
□ 次の不定積分を求めなさい.
$$\int(x+5)^2\,dx$$

方針 展開して求めてもよいが，次の公式を利用する.

〔公式〕 $\displaystyle\int(x+a)^m\,dx=\frac{1}{m+1}(x+a)^{m+1}+C$

143
□ 次の不定積分を求めなさい.
$$\int(x+1)^2(x+2)\,dx$$

方針 $(x+1)^2(x+2)=(x+1)^2(x+1+1)$
$=(x+1)^3+(x+1)^2$

144
□ 次の条件を満たす関数 $f(x)$ を求めなさい.
$$f(1)=-4,\quad f'(x)=(x+2)(x-3)$$

方針 $f(x)=\displaystyle\int(x+2)(x-3)\,dx$ を計算し，$f(1)$ の値から積分定数を定める.

ANSWER

141
(1) $\int 4x\,dx = 2x^2 + C$　　(C は積分定数)

(2) $\int (2x^2 - 5x + 3)\,dx = \dfrac{2}{3}x^3 - \dfrac{5}{2}x^2 + 3x + C$

---

142 $\int (x+5)^2\,dx = \dfrac{1}{3}(x+5)^3 + C$

143
$(x+1)^2(x+2) = (x+1)^2(x+1+1)$
$\qquad\qquad\qquad = (x+1)^3 + (x+1)^2$

$\int (x+1)^2(x+2)\,dx = \int \{(x+1)^3 + (x+1)^2\}\,dx$

$\qquad\qquad = \dfrac{1}{4}(x+1)^4 + \dfrac{1}{3}(x+1)^3 + C$

$\qquad\qquad = \dfrac{1}{12}(x+1)^3(3x+7) + C$

(参考) 与式 $= \int (x^3 + 4x^2 + 5x + 2)\,dx$

$\qquad\qquad = \dfrac{1}{4}x^4 + \dfrac{4}{3}x^3 + \dfrac{5}{2}x^2 + 2x + C$

(注意) 上の2つの答えは見かけは異なるが，同じ結果を表している．

6
積分

144
$f'(x) = (x+2)(x-3)$ より

$\qquad f(x) = \int (x+2)(x-3)\,dx = \int (x^2 - x - 6)\,dx$

$\qquad\qquad = \dfrac{1}{3}x^3 - \dfrac{1}{2}x^2 - 6x + C$

$f(1) = -4$ より $\dfrac{1}{3} - \dfrac{1}{2} - 6 + C = -4$

$\qquad\qquad\qquad\qquad C = \dfrac{13}{6}$

ゆえに，　　$f(x) = \dfrac{1}{3}x^3 - \dfrac{1}{2}x^2 - 6x + \dfrac{13}{6}$

37 定積分

145
□ 次の定積分を求めなさい.
$$\int_{-1}^{2}(3x^2+4x-2)dx$$

方針 次の公式を利用して積分する.

〔公式〕$\int_{a}^{b}kf(x)dx=k\int_{a}^{b}f(x)dx$

$\int_{a}^{b}\{f(x)+g(x)\}dx=\int_{a}^{b}f(x)dx+\int_{a}^{b}g(x)dx$

146
□ 次の定積分を求めなさい.
$$\int_{1}^{2}(x+2)^2dx-\int_{1}^{2}x^2dx$$

方針 積分区間が一致しているので, 積分される関数を整理してから, 積分する.

6
積
分

147
□ 次の定積分を求めなさい.
$$\int_{2}^{3}(x-2)(x-3)dx$$

方針 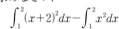 $(x-2)(x-3)=(x-2)(x-2-1)=(x-2)^2-(x-2)$

148
□ 次の定積分を求めなさい.
$$\int_{0}^{3}|x-1|dx$$

方針 積分区間を分割し, 絶対値記号をはずす.

定積分の性質 $\int_{a}^{a}f(x)dx=0$

$\int_{b}^{a}f(x)dx=-\int_{a}^{b}f(x)dx$

$\int_{a}^{b}f(x)dx=\int_{a}^{c}f(x)dx+\int_{c}^{b}f(x)dx$

145

$$\int_{-1}^{2}(3x^2+4x-2)dx=\Big[x^3+2x^2-2x\Big]_{-1}^{2}$$
$$=\{2^3-(-1)^3\}+2\{2^2-(-1)^2\}-2\{2-(-1)\}$$
$$=9+6-6=\mathbf{9}$$

146

$$\int_{1}^{2}(x+2)^2dx-\int_{1}^{2}x^2dx=\int_{1}^{2}\{(x+2)^2-x^2\}dx$$
$$=\int_{1}^{2}(4x+4)dx=\Big[2x^2+4x\Big]_{1}^{2}$$
$$=2(2^2-1^2)+4(2-1)=6+4=\mathbf{10}$$

147

$$\int_{2}^{3}(x-2)(x-3)dx=\int_{2}^{3}\{(x-2)^2-(x-2)\}dx$$
$$=\Big[\frac{1}{3}(x-2)^3-\frac{1}{2}(x-2)^2\Big]_{2}^{3}$$
$$=\frac{1}{3}\cdot1^3-\frac{1}{2}\cdot1^2=-\frac{1}{6}$$

6
積
分

(参考) $\int_{\alpha}^{\beta}(x-\alpha)(x-\beta)dx=-\dfrac{1}{6}(\beta-\alpha)^3$ を利用すると

$$\int_{2}^{3}(x-2)(x-3)dx=-\frac{1}{6}(3-2)^3=-\frac{1}{6}$$

148

$$\int_{0}^{3}|x-1|dx=\int_{0}^{1}|x-1|dx+\int_{1}^{3}|x-1|dx$$
$$=\int_{0}^{1}(-x+1)dx+\int_{1}^{3}(x-1)dx$$
$$=\Big[-\frac{1}{2}x^2+x\Big]_{0}^{1}+\Big[\frac{1}{2}x^2-x\Big]_{1}^{3}$$
$$=\Big(-\frac{1}{2}+1\Big)+\frac{1}{2}(3^2-1^2)-(3-1)$$
$$=\frac{1}{2}+4-2=\frac{\mathbf{5}}{\mathbf{2}}$$

38 面　積

149 放物線 $y=-(x+1)(x-2)$ と x 軸とで囲まれた図形の面積 S を求めなさい.

方針 $S=\displaystyle\int_a^b f(x)dx$

150 放物線 $y=x^2$ と直線 $y=x+2$ とで囲まれた図形の面積 S を求めなさい.

方針 まず, 放物線と直線との交点を求める.

 $f(x)\geqq g(x)$ のとき

$$S=\int_a^b \{f(x)-g(x)\}dx$$

6
積
分

151 2つの放物線

$$y=2x^2-3x$$
$$y=-x^2+6$$

で囲まれた図形の面積 S を求めなさい.

方針 2曲線の交点を求め, 2曲線の上下関係に注意する.

152 放物線 $x=y^2$ と直線 $y=-x+6$ とで囲まれた図形の面積 S を求めなさい.

方針 y について積分する.

149

$S=\displaystyle\int_{-1}^{2}\{-(x+1)(x-2)\}dx=\int_{-1}^{2}(-x^2+x+2)dx$

$=\left[-\dfrac{1}{3}x^3+\dfrac{1}{2}x^2+2x\right]_{-1}^{2}$

$=-\dfrac{1}{3}\{2^3-(-1)^3\}+\dfrac{1}{2}\{2^2-(-1)^2\}+2\{2-(-1)\}$

$=-3+\dfrac{3}{2}+6=\dfrac{9}{2}$

150

$y=x^2$ と $y=x+2$ より $x^2-x-2=0$

よって，$x=-1,\ 2$

$S=\displaystyle\int_{-1}^{2}\{(x+2)-x^2\}dx=\int_{-1}^{2}(-x^2+x+2)dx$

問題 **149** と同様にして $S=\dfrac{9}{2}$

6

積

分

151

$y=2x^2-3x$ と $y=-x^2+6$ より $3x^2-3x-6=0$

$x^2-x-2=0,\ x=-1,\ 2$

$S=\displaystyle\int_{-1}^{2}\{(-x^2+6)-(2x^2-3x)\}dx$

$=\displaystyle\int_{-1}^{2}(-3x^2+3x+6)dx=3\int_{-1}^{2}(-x^2+x+2)dx$

$=3\times\dfrac{9}{2}=\dfrac{27}{2}$

152

$x=y^2$ と $y=-x+6$ より $y^2+y-6=0$

よって，$y=-3,\ 2$

$S=\displaystyle\int_{-3}^{2}\{(-y+6)-y^2\}dy=\int_{-3}^{2}(-y^2-y+6)dy$

$=\left[-\dfrac{1}{3}y^3-\dfrac{1}{2}y^2+6y\right]_{-3}^{2}$

$=-\dfrac{1}{3}\{2^3-(-3)^3\}-\dfrac{1}{2}\{2^2-(-3)^2\}+6\{2-(-3)\}$

$=-\dfrac{35}{3}+\dfrac{5}{2}+30=\dfrac{125}{6}$

39 面積のいろいろな問題

153 右の図において

公式 $S=\dfrac{|a|}{6}(\beta-\alpha)^3$

が成り立つ. このことを用いて, 放物線 $y=x^2$ と直線 $y=x+2$ とで囲まれた図形の面積を求めなさい.

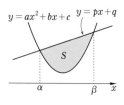

方針 まず, 放物線と直線との交点の x 座標を求める.
★公式の証明は☞問題**312**

154 放物線 $y=x^2$ と直線 $y=x+1$ とで囲まれた図形の面積を求めなさい.

方針 交点の x 座標は無理数であるが, 前問と同様に考える.

155 放物線 $y=x^2-2x$ と直線 $y=mx$ とで囲まれた図形の面積が 36 となるように, 正の定数 m の値を定めなさい.

方針 これも, 公式 $S=\dfrac{|a|}{6}(\beta-\alpha)^3$ を利用するとよい.

156 放物線 $C_1: y=x^2-x$ と放物線 $C_2: y=-2x^2+5x$ の 2 つの交点を通る直線を l とする. C_1 と l とで囲まれた図形の面積を S_1, C_2 と l とで囲まれた図形の面積を S_2 とするとき, $S_1:S_2$ を求めなさい.

方針 l の式を求めなくても, 公式 $S=\dfrac{|a|}{6}(\beta-\alpha)^3$ を用いることができる.

6
積
分

153

$y=x^2$ と $y=x+2$ より $x^2-x-2=0$

よって，$x=-1$，2

したがって，公式を用いると，求める面積は

$$\frac{|1|}{6}\{2-(-1)\}^3=\frac{1}{6}\times 3^3=\boldsymbol{\frac{9}{2}}$$

154

$y=x^2$ と $y=x+1$ より $x^2-x-1=0$

よって，$x=\dfrac{1\pm\sqrt{5}}{2}$

したがって，公式を用いると，求める面積は

$$\frac{|1|}{6}\cdot\left(\frac{1+\sqrt{5}}{2}-\frac{1-\sqrt{5}}{2}\right)^3=\frac{1}{6}\times(\sqrt{5})^3=\boldsymbol{\frac{5\sqrt{5}}{6}}$$

155

$y=x^2-2x$ と $y=mx$ より $x^2-(m+2)x=0$

よって，$x=0$，$m+2$

$m>0$ であるから，条件より

$$\frac{|1|}{6}\{(m+2)-0\}^3=36$$

$$(m+2)^3=6^3 \text{ より } m+2=6$$

ゆえに， $\boldsymbol{m=4}$

156

$y=x^2-x$ と $y=-2x^2+5x$ より $3x^2-6x=0$

よって，$x=0$，2

したがって， $S_1=\dfrac{|1|}{6}(2-0)^3=\dfrac{1}{6}\times 2^3$

$$S_2=\frac{|-2|}{6}(2-0)^3=\frac{2}{6}\times 2^3$$

ゆえに， $S_1:S_2=\dfrac{1}{6}:\dfrac{2}{6}=\boldsymbol{1:2}$

40 定積分で表された関数

157

関数 $f(x)=ax^2+bx+c$ は

$$f(1)=2, \quad f(2)=9, \quad \int_0^1 f(x)dx=1$$

を満たす. 定数 a, b, c の値を求めなさい.

方針 a, b, c の連立方程式を導いて解く.

158

次の式を満たす関数 $f(x)$ を求めなさい.

$$\int_{-1}^x f(t)dt=x^2-1$$

方針 $\dfrac{d}{dx}\displaystyle\int_a^x f(t)dt=f(x)$ の利用.

6
積
分

159

次の式を満たす関数 $f(x)$ および定数 a を求めなさい.

$$\int_1^x f(t)dt=3x^2+2x+a$$

方針 $\displaystyle\int_1^1 f(t)dt=0$ を利用して a を求める.

▶ $f(x)$ を求める方針は, 前問と同じ.

160

関数 $f(x)=\displaystyle\int_1^x (2t-6)dt$ の最小値を求めなさい.

方針 まず, 定積分を実行する.

▶ $f(x)$ は x の 2 次関数になる.

A N S W E R

157

$f(1)=2$ より $a+b+c=2$ ……①
$f(2)=9$ より $4a+2b+c=9$ ……②

$$\int_0^1 f(x)dx=\int_0^1(ax^2+bx+c)dx$$
$$=\left[\frac{1}{3}ax^3+\frac{1}{2}bx^2+cx\right]_0^1$$
$$=\frac{1}{3}a+\frac{1}{2}b+c=1$$

よって, $2a+3b+6c=6$ ……③
①, ②, ③より $a=3,\ b=-2,\ c=1$

158

両辺を x で微分して
$$f(x)=2x$$

6
積
分

159

両辺を x で微分して
$$f(x)=6x+2$$
また, 与えられた式に $x=1$ を代入して
$$\int_1^1 f(t)dt=3+2+a$$
左辺は 0 であるから, $0=5+a$
ゆえに, $a=-5$

160

$$f(x)=\int_1^x(2t-6)dt=\left[t^2-6t\right]_1^x$$
$$=(x^2-1^2)-6(x-1)=x^2-6x+5$$
$$=(x-3)^2-4$$
ゆえに, 最小値は $f(3)=-4$

41 等差数列

161 空欄にあてはまる数値や数式を答えなさい.
初項 5, 公差 4 の等差数列 $\{a_n\}$ の一般項 a_n は
$a_n = \boxed{}\, n + \boxed{}$ と表される. また, この数列の第 20 項
は $\boxed{}$ で, 97 は第 $\boxed{}$ 項である.

> 〔公式〕 初項 a, 公差 d の等差数列の一般項 a_n は
> $$a_n = a + (n-1)d$$

162 第 5 項が 22, 第 9 項が 42 の等差数列の初項は $\boxed{}$,
公差は $\boxed{}$, 一般項は $a_n = \boxed{}$ である.

> 方針 $a_n = a + (n-1)d$ とおく.
> ▶ a, d の連立方程式を導いて解く.

7
数
列

163 初項が 47, 第 5 項が 35, 末項が -40 である等差数列
の公差は $\boxed{}$, 項数は $\boxed{}$ で, 一般項は
$a_n = \boxed{}$ と表される. また, この数列で初めて負に
なるのは第 $\boxed{}$ 項である.

> 方針 公差を d とおくと, $a_n = 47 + (n-1)d$
> ▶ $a_5 = 35$ となることから, d の値を求める.

164 3つの数 a, b, c はこの順に等差数列をなし, 3数の和
は 21, 積は 231 である. a, b, c の値を求めなさい. た
だし, $a < b < c$ とする.

> a, b, c がこの順に
> 等差数列をなす $\iff 2b = a + c$

A N S W E R

161

$$a_n=5+(n-1)\times4=4n+1$$

よって，$a_{20}=4\times20+1=\boldsymbol{81}$

また，$4n+1=97$ より $n=24$

ゆえに，97 は第 **24** 項である．

162

初項を a，公差を d とすると，条件より

$$\begin{cases} a+4d=22 \\ a+8d=42 \end{cases}$$

よって，$d=5$，$a=2$

すなわち，初項は **2**，公差は **5** である．

ゆえに，　$a_n=2+(n-1)\times5=\boldsymbol{5n-3}$

163

公差を d とすると，条件より $47+4d=35$

よって，$d=-3$

したがって，項数を m とすると

$$47+(m-1)\times(-3)=-40$$

$$m=30$$

すなわち，項数は **30**

また，$a_n=47+(n-1)\times(-3)=\boldsymbol{-3n+50}$

さらに，$-3n+50<0$ より

$$n>\frac{50}{3}=16.6\cdots$$

ゆえに，初めて負になるのは第 **17** 項である．

7

数

列

164

条件より

$$2b=a+c, \quad a+b+c=21, \quad abc=231$$

よって，$b=7$，$a+c=14$，$ac=33$

$a<b<c$ より　　$\boldsymbol{a=3, \quad b=7, \quad c=11}$

42 等差数列の和

165 空欄にあてはまる数値を答えなさい.

初項 5, 公差 4 の等差数列 $\{a_n\}$ の初項から第 n 項までの和は, $S_n = \boxed{} n^2 + \boxed{} n$ と表される. したがって, この数列の初項から第 20 項までの和は $\boxed{}$ で, 初項から第 $\boxed{}$ 項までの和は 2015 である.

> 〔公式〕 初項 a, 公差 d の等差数列の初項から第 n
> 項までの和 S_n は
> $$S_n = \frac{1}{2}n\{2a + (n-1)d\}$$

166 等差数列の初項から第 5 項までの和が 30, 第 6 項から第 10 項までの和が 80 であるとき, 第 11 項から第 15 項までの和を求めなさい.

方針 等差数列の和の公式より, $S_n = An^2 + Bn$ とおける.

167 第 2 項が 66, 第 7 項が 31 である等差数列の初項と公差を求めなさい. また, この等差数列の初項から第何項までの和が最大となるか答えなさい.

方針 正の項のみの和が最大となる.

168 2 桁の自然数のうち, 6 で割ると 1 余るものは何個あるか答えなさい. また, それらの総和を求めなさい.

方針 6 で割ると 1 余る整数は $6k+1$ と表される.

▶ 2 桁の自然数であることより,
$$10 \leq 6k+1 \leq 99$$

A N S W E R

165

$$S_n=\frac{1}{2}n\{2\times5+(n-1)\times4\}=2n^2+3n$$

$$S_{20}=2\times20^2+3\times20=\textbf{860}$$

さらに，$2n^2+3n=2015$ より

$$2n^2+3n-2015=0 \qquad (n-31)(2n+65)=0$$

$n>0$ より $\quad n=31$

すなわち，第 31 項までの和である．

166

初項から第 n 項までの和を $S_n=An^2+Bn$ とおくと

$$25A+5B=30 \text{ かつ } 100A+10B=30+80$$

$$5A+B=6 \text{ かつ } 10A+B=11$$

よって，$A=1$，$B=1$

すなわち，$S_n=n^2+n$

したがって，第 11 項から第 15 項までの和は

$$S_{15}-S_{10}=240-(30+80)=\textbf{130}$$

(参考) 30，80，130 も等差数列になっている．

167

初項を a，公差を d，一般項を a_n とすると

$$a+d=66, \quad a+6d=31$$

よって，$d=-7$，$a=73$

したがって，$a_n=73+(n-1)\times(-7)=-7n+80$

そして，$-7n+80>0$ より $\quad n<11.4\cdots$

ゆえに，**第 11 項**までの和が最大となる．

168

6 で割ると 1 余る自然数を $6k+1$ と表すと，

$$10\leqq6k+1\leqq99 \text{ より } 1.5\leqq k\leqq16.33\cdots$$

すなわち，$k=2, 3, 4, \cdots, 15, 16$

ゆえに，$16-2+1=\textbf{15}$(個)

和は $\dfrac{1}{2}\{(6\times2+1)+(6\times16+1)\}\times15$

$$=\frac{1}{2}(13+97)\times15=\textbf{825}$$

7

数

列

43 等比数列

169
□
空欄にあてはまる数値や数式を答えなさい.
初項 3, 公比 2 の等比数列 $\{a_n\}$ の一般項 a_n は
$a_n=$ [   ] と表される. また, この数列の第 6 項は
[   ] で, 第 [   ] 項は 384 である.

> 〔公式〕 初項 a, 公比 r の等比数列の一般項 a_n は
> $$a_n=ar^{n-1}$$

170
□
第 3 項が 18, 第 6 項が -486 の等比数列の初項は
[   ], 公比は [   ], 一般項は $a_n=$ [   ] である.
方針 $a_n=ar^{n-1}$ とおく.

7
数
列

171
□
初項が 3, 第 6 項が $\dfrac{3}{32}$ である等比数列で, 初めて
$\dfrac{1}{10000}$ より小さくなるのは第 [   ] 項である.
ただし, $2^{14}=16384$ である.
方針 まず, 一般項を求める.
▶ $a_n=3\cdot r^{n-1}$ とおく.

172
□
3 つの数 a, b, c はこの順に等比数列をなし, 3 数の和
は 3, 積は -8 である. a, b, c の値を求めなさい.
ただし, $a<c$ とする.

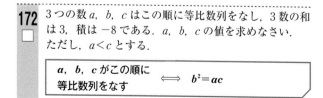

> a, b, c がこの順に
> 等比数列をなす $\iff$ $b^2=ac$

A N S W E R

169

$$a_n = 3 \cdot 2^{n-1}$$
$$a_6 = 3 \cdot 2^5 = 96$$

また，$3 \cdot 2^{n-1} = 384$ より $2^{n-1} = 128 = 2^7$
$n-1 = 7$　よって，$n = 8$
すなわち，第 8 項である．

170 初項を a，公比を r とすると，$a_n = ar^{n-1}$
条件より，$ar^2 = 18$，$ar^5 = -486$
よって，$r^3 = -27$ より $r = -3$，したがって，$a = 2$
すなわち，初項は 2，公比は -3 である．
また，　　　$a_n = 2 \cdot (-3)^{n-1}$

171 公比を r，一般項を a_n とすると，$a_n = 3 \cdot r^{n-1}$
よって，$3 \cdot r^5 = \dfrac{3}{32}$ より $r^5 = \dfrac{1}{32} = \left(\dfrac{1}{2}\right)^5$
したがって，　$r = \dfrac{1}{2}$ となるので

$$a_n = 3 \cdot \left(\dfrac{1}{2}\right)^{n-1} < \dfrac{1}{10000}$$
$$2^{n-1} > 30000$$

ここで，$2^{14} = 16384$，$2^{15} = 32768$ であるから
$n-1 = 15$ より $n = 16$
すなわち，第 16 項である．

172 条件より，$b^2 = ac$，$a+b+c = 3$，$abc = -8$
よって，　$b^3 = -8$ より $b = -2$
このとき
$$a+c = 5, \quad ac = 4$$
これと $a < c$ より $a = 1$，$c = 4$
以上より，　　$a = 1$，$b = -2$，$c = 4$

44 等比数列の和

173 空欄にあてはまる数値や数式を答えなさい.
初項 3, 公比 2 の等比数列 $\{a_n\}$ の初項から第 n 項までの和は, $S_n=\boxed{}$ と表される. したがって, この数列の初項から第 12 項までの和は $\boxed{}$ で, 初項から第 $\boxed{}$ 項までの和は 765 である.

> 〔公式〕 初項 a, 公比 r の等比数列の初項から第 n 項までの和 S_n は
> $r \neq 1$ のとき, $S_n = \dfrac{a(r^n-1)}{r-1} = \dfrac{a(1-r^n)}{1-r}$
> $r = 1$ のとき, $S_n = na$

174 第 3 項が 18, 第 6 項が $-\dfrac{9}{4}$ である等比数列 $\{a_n\}$ について, 次の値を求めなさい.
$$a_1{}^2 + a_2{}^2 + a_3{}^2$$

方針 まず, $a_n = ar^{n-1}$ とおいて, a と r を求める.
▶ $a_n{}^2 = \{ar^{n-1}\}^2 = a^2(r^2)^{n-1}$

175 等比数列 $\{a_n\}$ について
$$a_1 + a_2 = 3, \quad a_3 + a_4 = 6$$
のとき, $a_5 + a_6$ の値を求めなさい.
▶ $a_1 + a_2,\ a_3 + a_4,\ a_5 + a_6,\ \cdots$ も等比数列になる.

176 2 万円を年利率 5%, 1 年ごとの複利で 4 年間預金したときの元利合計を求めなさい.
ただし, $(1.05)^4 = 1.2155$ とする.

A   N   S   W   E   R

173

$$S_n=\frac{3(2^n-1)}{2-1}=3(2^n-1)$$

$$S_{12}=3(2^{12}-1)=3\times(4096-1)=\mathbf{12285}$$

また，$3(2^n-1)=765$ より $2^n-1=255$

$2^n=256=2^8$　　よって，$n=8$

すなわち，第8項までの和である．

174

初項を a，公比を r とすると

$$ar^2=18,\ ar^5=-\frac{9}{4}$$

よって，$r^3=-\frac{1}{8}$ より $r=-\frac{1}{2}$，$a=72$

ゆえに，$a_n=72\times\left(-\frac{1}{2}\right)^{n-1}$，$a_n{}^2=72^2\times\left(\frac{1}{4}\right)^{n-1}$

したがって，求める和は

$$\frac{72^2\left\{1-\left(\frac{1}{4}\right)^3\right\}}{1-\frac{1}{4}}=\frac{4}{3}\times72^2\times\frac{4^3-1}{4^3}=\mathbf{6804}$$

7

数

列

175

初項を a，公比を r とすると

$$a_1+a_2=a+ar=a(1+r)=3 \qquad\cdots\cdots\text{①}$$
$$a_3+a_4=ar^2+ar^3=ar^2(1+r)=6 \qquad\cdots\cdots\text{②}$$
$$a_5+a_6=ar^4+ar^5=ar^4(1+r) \qquad\cdots\cdots\text{③}$$

①，②より　　$r^2=2$ 　　　　　　$\cdots\cdots\text{④}$

②，③，④より

$$a_5+a_6=ar^2(1+r)\times r^2$$
$$=6\times2=\mathbf{12}$$

176

$$20000\times(1+0.05)^4=20000\times1.2155$$
$$=24310$$

ゆえに，　　　**24310 円**

45 Σ記号と和の公式

177
☐
次の和を求めなさい.
(1) $\displaystyle\sum_{k=1}^{n} k(k+1)$ 　　　　(2) $\displaystyle\sum_{k=1}^{n} k(k^2-1)$

方針 $\displaystyle\sum_{k=1}^{n} k$, $\displaystyle\sum_{k=1}^{n} k^2$, $\displaystyle\sum_{k=1}^{n} k^3$ に分割して, 公式を利用する.

〔公式〕 $\displaystyle\sum_{k=1}^{n} k=\frac{1}{2}n(n+1)$, $\displaystyle\sum_{k=1}^{n} k^2=\frac{1}{6}n(n+1)(2n+1)$,
$\displaystyle\sum_{k=1}^{n} k^3=\frac{1}{4}n^2(n+1)^2$

178
☐
次の和を Σ 記号を用いて表し, 計算しなさい.
(1) $1+3+5+\cdots+(2n-1)$
(2) $1^2\cdot3+2^2\cdot4+3^2\cdot5+\cdots+n^2(n+2)$

方針 まず, 第 k 項を k の式で表す.

7
数
列

179
☐
次の数列の初項から第 n 項までの和を求めなさい.
　　　$1,\ 1+2,\ 1+2+3,\ 1+2+3+4,\ \cdots$

方針 第 k 項を k の式で表して, さらに Σ記号を利用して求める和を表す.

180
☐
次の和を求めなさい.
$$\sum_{k=1}^{n} 6\cdot7^{k-1}$$

方針 Σ記号を用いずに和を表してみる.
▶ 等比数列の和を求めることになる.

A N S W E R

177

(1) $\sum_{k=1}^{n} k(k+1) = \sum_{k=1}^{n}(k^2+k) = \sum_{k=1}^{n}k^2 + \sum_{k=1}^{n}k$

$= \dfrac{1}{6}n(n+1)(2n+1) + \dfrac{1}{2}n(n+1)$

$= \dfrac{1}{3}\boldsymbol{n(n+1)(n+2)}$

(2) $\sum_{k=1}^{n} k(k^2-1) = \sum_{k=1}^{n}(k^3-k) = \dfrac{1}{4}n^2(n+1)^2 - \dfrac{1}{2}n(n+1)$

$= \dfrac{1}{4}\boldsymbol{(n-1)n(n+1)(n+2)}$

178

(1) 与式 $= \sum_{k=1}^{n}(2k-1) = 2 \times \dfrac{1}{2}n(n+1) - n = \boldsymbol{n^2}$

(2) 与式 $= \sum_{k=1}^{n}k^2(k+2) = \sum_{k=1}^{n}(k^3+2k^2)$

$= \dfrac{1}{4}n^2(n+1)^2 + 2 \times \dfrac{1}{6}n(n+1)(2n+1)$

$= \dfrac{1}{12}\boldsymbol{n(n+1)(3n^2+11n+4)}$

179

第 k 項は $\quad 1+2+\cdots+k = \dfrac{1}{2}k(k+1)$

よって，初項から第 n 項までの和は

$\sum_{k=1}^{n}\dfrac{1}{2}k(k+1) = \dfrac{1}{2}\sum_{k=1}^{n}(k^2+k)$

$= \dfrac{1}{2}\left\{\dfrac{1}{6}n(n+1)(2n+1) + \dfrac{1}{2}n(n+1)\right\}$

$= \dfrac{1}{6}\boldsymbol{n(n+1)(n+2)}$

(参考) $k(k+1) = \dfrac{1}{3}\{k(k+1)(k+2) - (k-1)k(k+1)\}$

を利用して求めてもよい（問題 181 参照）.

7

数

列

180

$S = \sum_{k=1}^{n}6 \cdot 7^{k-1}$ とおくと

$S = 6 + 6 \cdot 7 + 6 \cdot 7^2 + \cdots + 6 \cdot 7^{n-1}$

$= \dfrac{6 \times (7^n - 1)}{7-1} = \boldsymbol{7^n - 1}$

46 いろいろな数列の和

181 $k(k+1)=\dfrac{1}{3}\{k(k+1)(k+2)-(k-1)k(k+1)\}$ ……(*)

が成り立つことを利用して，次の和を求めなさい．

$$1\cdot2+2\cdot3+3\cdot4+\cdots+k(k+1)+\cdots+n(n+1)$$

方針 (*)の式に $k=1, 2, \cdots, n$ を代入して辺々加える．

▶ 途中の項が互いに消去され，簡単な式になる．

---

182 $\dfrac{1}{k(k+1)}=\dfrac{1}{k}-\dfrac{1}{k+1}$ ……(*)

が成り立つことを利用して，次の和を求めなさい．

$$\dfrac{1}{1\cdot2}+\dfrac{1}{2\cdot3}+\dfrac{1}{3\cdot4}+\cdots+\dfrac{1}{k(k+1)}+\cdots+\dfrac{1}{n(n+1)}$$

方針 (*)の式に $k=1, 2, \cdots, n$ を代入して辺々加える．

7

数

列

---

183 次の和を求めなさい．

$$\sum_{k=1}^{n}\dfrac{1}{\sqrt{k}+\sqrt{k+1}}$$

方針 分母の有理化を行う．

---

184 次の和を求めなさい．

$$S=1\cdot2+2\cdot2^2+3\cdot2^3+\cdots+k\cdot2^k+\cdots+n\cdot2^n$$

方針 $S-2S$ をつくる．

▶ 等比数列の和の求め方と同様に考える．

181

$$\text{与式} = \frac{1}{3}(1 \cdot 2 \cdot 3 - 0 \cdot 1 \cdot 2) + \frac{1}{3}(2 \cdot 3 \cdot 4 - 1 \cdot 2 \cdot 3)$$

$$+ \frac{1}{3}(3 \cdot 4 \cdot 5 - 2 \cdot 3 \cdot 4) + \cdots$$

$$+ \frac{1}{3}\{n(n+1)(n+2) - (n-1)n(n+1)\}$$

$$= \frac{1}{3}n(n+1)(n+2)$$

182

$$\text{与式} = \left(\frac{1}{1} - \frac{1}{2}\right) + \left(\frac{1}{2} - \frac{1}{3}\right) + \left(\frac{1}{3} - \frac{1}{4}\right) + \cdots$$

$$+ \left(\frac{1}{n} - \frac{1}{n+1}\right)$$

$$= \frac{1}{1} - \frac{1}{n+1} = \frac{n}{n+1}$$

183

$$\frac{1}{\sqrt{k} + \sqrt{k+1}} = \frac{\sqrt{k} - \sqrt{k+1}}{(\sqrt{k} + \sqrt{k+1})(\sqrt{k} - \sqrt{k+1})}$$

$$= \frac{\sqrt{k} - \sqrt{k+1}}{k - (k+1)} = \sqrt{k+1} - \sqrt{k}$$

$$\text{与式} = (\sqrt{2} - \sqrt{1}) + (\sqrt{3} - \sqrt{2}) + (\sqrt{4} - \sqrt{3}) + \cdots$$

$$+ (\sqrt{n+1} - \sqrt{n})$$

$$= \sqrt{n+1} - 1$$

7

数

列

184

$$S = 1 \cdot 2 + 2 \cdot 2^2 + 3 \cdot 2^3 + \cdots + n \cdot 2^n$$

$$-) \quad 2S = 1 \cdot 2^2 + 2 \cdot 2^3 + \cdots + (n-1) \cdot 2^n + n \cdot 2^{n+1}$$

$$\overline{-S = 2 + 2^2 + 2^3 + \cdots + 2^n - n \cdot 2^{n+1}}$$

$$= \frac{2(2^n - 1)}{2 - 1} - n \cdot 2^{n+1}$$

$$= 2^{n+1} - 2 - n \cdot 2^{n+1} = -(n-1) \cdot 2^{n+1} - 2$$

ゆえに, $S = (n-1) \cdot 2^{n+1} + 2$

47 階差数列と S_n

185 階差数列を調べることにより，次の数列の一般項を求めなさい．

$$2, \ 5, \ 10, \ 17, \ 26, \ 37, \ \cdots$$

方針 階差数列の規則を発見し，$a_n = a_1 + \sum_{k=1}^{n-1} b_k$ の利用．

▶ $n=1$ のときの確認を忘れずに．

---

186 奇数を次のような群に分ける．

$$1 \mid 3, \ 5 \mid 7, \ 9, \ 11 \mid 13, \ 15, \ 17, \ 19 \mid 21, \ \cdots$$

第 n 番目の群の先頭の奇数を求めなさい．

方針 各群の先頭の奇数を順に並べ，その階差数列を調べる．

★ 何番目の奇数になるかを調べてもよい．

7

数

列

---

187 初項から第 n 項までの和 S_n が次の式で表される数列 $\{a_n\}$ の一般項 a_n を求めなさい．

$$S_n = 2n^2 - 3n$$

方針 $S_n - S_{n-1}$ を計算する．

▶ a_1 だけは，別に扱う必要がある．

---

188 初項から第 n 項までの和 S_n が次の式で表される数列 $\{a_n\}$ の一般項 a_n を求めなさい．

$$S_n = 2^n + 5$$

方針 a_1 と a_n $(n=2, \ 3, \ 4, \ \cdots)$ とに分けて答える．

▶ a_1 だけは，異なる式になる．

A N S W E R

185

階差数列は 3, 5, 7, 9, 11, …
となり，その第 k 項は $b_k=2k+1$
ゆえに，　$a_n=2+\sum_{k=1}^{n-1}(2k+1)$

$$=2+2\times\frac{1}{2}(n-1)\cdot n+(n-1)$$

$$=n^2+1$$

これは，$n=1$ のときも成り立つ．

186

先頭の奇数は 1, 3, 7, 13, 21, …
その階差数列は 2, 4, 6, 8, …
となり，その第 k 項は　$b_k=2k$
よって，　$1+\sum_{k=1}^{n-1}2k=1+2\times\frac{1}{2}(n-1)\cdot n$

$$=n^2-n+1$$

これは，$n=1$ のときも成り立つ．

187

$$a_1=S_1=2\cdot1^2-3\cdot1=-1$$

$n=2,\ 3,\ 4,\ \cdots$ のとき

$$a_n=S_n-S_{n-1}$$
$$=(2n^2-3n)-\{2(n-1)^2-3(n-1)\}$$
$$=2\{n^2-(n-1)^2\}-3\{n-(n-1)\}$$
$$=2(2n-1)-3=4n-5$$

これは，$n=1$ のときも含めて成り立つ．
ゆえに，　$a_n=4n-5$

188

$$a_1=S_1=2^1+5=7$$

$n=2,\ 3,\ 4,\ \cdots$ のとき

$$a_n=S_n-S_{n-1}=(2^n+5)-(2^{n-1}+5)=2^{n-1}$$

ゆえに

$$\begin{cases}a_1=7\\a_n=2^{n-1}\quad(n=2,\ 3,\ 4,\ \cdots)\end{cases}$$

7
数
列

48 漸化式

189 次のように定義された数列 $\{a_n\}$ の一般項を求めなさい.

$$a_1 = 4, \quad a_{n+1} = a_n + (2n+1) \quad (n = 1, 2, 3, \cdots)$$

方針 $a_{n+1} - a_n = 2n+1$ が階差数列である.

190 次のように定義された数列 $\{a_n\}$ の一般項を求めなさい.

$$a_1 = 5, \quad a_{n+1} = 2a_n - 3 \quad (n = 1, 2, 3, \cdots)$$

方針 $a_{n+1} - \alpha = 2(a_n - \alpha)$ の形に変形する.

▶ 等比数列の一般項を求めるのと同様に考える.

191 次のように定義された数列 $\{a_n\}$ の一般項を求めなさい.

$$a_1 = 2, \quad a_{n+1} = \frac{a_n}{2a_n + 5} \quad (n = 1, 2, 3, \cdots)$$

方針 漸化式の両辺の逆数をとる.

▶ $a_n > 0 \quad (n = 1, 2, 3, \cdots)$ である.

▶ 数列 $\left\{ \dfrac{1}{a_n} \right\}$ の漸化式を解く.

192 次のように定義された数列 $\{a_n\}$ の一般項を求めなさい.

$$a_1 = 1, \quad a_2 = 2, \quad a_{n+2} = \frac{a_{n+1} + a_n}{2} \quad (n = 1, 2, 3, \cdots)$$

方針 $a_{n+2} - \alpha a_{n+1} = \beta(a_{n+1} - \alpha a_n)$ の形に変形する.

▶ α, β は $x^2 = \dfrac{x+1}{2}$ の解である.

7

数

列

189

$n=2, 3, 4, \cdots$ のとき

$$a_n = 4 + \sum_{k=1}^{n-1}(2k+1) = 4 + 2 \times \frac{1}{2}(n-1) \cdot n + (n-1) = n^2 + 3$$

これは，$n=1$ のときも成り立つ．

190

$x = 2x - 3$ より $x = 3$

$a_{n+1} = 2a_n - 3$ より $a_{n+1} - 3 = 2(a_n - 3)$

よって，数列 $\{a_n - 3\}$ は公比 2 の等比数列となるので

$$a_n - 3 = (a_1 - 3) \times 2^{n-1} = (5-3) \times 2^{n-1} = 2^n$$

ゆえに，　　　$a_n = 2^n + 3$

191

$a_{n+1} = \dfrac{a_n}{2a_n+5}$ より $\dfrac{1}{a_{n+1}} - 2 + \dfrac{5}{a_n}$

$x = 2 + 5x$ より $x = -\dfrac{1}{2}$　　よって，$\dfrac{1}{a_{n+1}} + \dfrac{1}{2} = 5\left(\dfrac{1}{a_n} + \dfrac{1}{2}\right)$

したがって，$\dfrac{1}{a_n} + \dfrac{1}{2} = \left(\dfrac{1}{2} + \dfrac{1}{2}\right) \times 5^{n-1} = 5^{n-1}$

ゆえに，　　　$a_n = \dfrac{2}{2 \cdot 5^{n-1} - 1}$

7

数

列

192

$x^2 = \dfrac{x+1}{2}$ より $2x^2 - x - 1 = 0$

$(x-1)(2x+1) = 0$　　よって，$x = 1, -\dfrac{1}{2}$

$a_{n+2} = \dfrac{a_{n+1} + a_n}{2}$ より $a_{n+2} - a_{n+1} = \left(-\dfrac{1}{2}\right)(a_{n+1} - a_n)$

よって，$a_{n+1} - a_n = (2-1) \times \left(-\dfrac{1}{2}\right)^{n-1} = \left(-\dfrac{1}{2}\right)^{n-1}$

$$a_n = 1 + \sum_{k=1}^{n-1}\left(-\dfrac{1}{2}\right)^{k-1} = 1 + \dfrac{1 - \left(-\dfrac{1}{2}\right)^{n-1}}{1 - \left(-\dfrac{1}{2}\right)} = \dfrac{5}{3} - \dfrac{2}{3} \cdot \left(-\dfrac{1}{2}\right)^{n-1}$$

これは，$n=1$ のときも成り立つ．

49 数学的帰納法

193
☐

数学的帰納法を用いて，等式
$$1^2+3^2+5^2+\cdots+(2n-1)^2=\frac{1}{3}n(2n-1)(2n+1)$$
を次のように証明した．空欄を埋めなさい．

$n=1$ のとき，左辺 = $\boxed{\text{ア}}$，右辺 = $\boxed{\text{イ}}$ で成り立つ．
$n=k$ のとき成り立つと仮定すると
$$1^2+3^2+\cdots+(2k-1)^2=\boxed{\text{ウ}}$$
両辺に $\{2(k+1)-1\}^2$ すなわち $(2k+\boxed{\text{エ}})^2$ を加えて
$$1^2+3^2+\cdots+(2k-1)^2+(2k+\boxed{\text{エ}})^2=\boxed{\text{ウ}}+(2k+\boxed{\text{エ}})^2$$
$$=\frac{1}{3}(2k+\boxed{\text{エ}})(\boxed{\text{オ}}k^2+\boxed{\text{カ}}k+\boxed{\text{キ}})=\frac{1}{3}(k+1)(2k+\boxed{\text{エ}})(2k+\boxed{\text{ク}})$$
ゆえに，$n=k+1$ のときも成り立つ．よって，証明された．

方針 (I) $n=1$ のとき成り立つことを確かめる．
(II) $n=k$ のとき成り立つと仮定して，
$n=k+1$ のときも成り立つことを示す．

194
☐

n を 5 以上の自然数とするとき，数学的帰納法を用いて，不等式 $2^n>n^2$ を証明しなさい．

方針 $n=5$ のとき成り立つことからスタートする．

195
☐

n を自然数とするとき，$a_n=n^3+2n$ は 3 の倍数であることを，数学的帰納法を用いて証明しなさい．

方針 $a_{k+1}=a_k+(3 \text{ の倍数})$ となることを示す．

196
☐

次のように定義された数列 $\{a_n\}$ がある．
$$a_1=3, \quad a_{n+1}=2-\frac{1}{a_n} \quad (n=1,\ 2,\ 3,\ \cdots)$$
(1) $a_2,\ a_3,\ a_4,\ a_5$ を求めなさい．
(2) この数列の一般項を予測し，それが正しいことを数学的帰納法を用いて証明しなさい．

方針 $n=k$ のとき成り立つと仮定して，a_k を漸化式に代入して a_{k+1} を求める．

A　N　S　W　E　R

193 ア　1　　イ　1　　ウ　$\dfrac{1}{3}k(2k-1)(2k+1)$　　エ　1

オ　2　　カ　5　　キ　3　　ク　3

---

194 $n=5$ のとき，左辺$=2^5=32$，右辺$=5^2=25$ で成り立つ．

$n=k$ のとき成り立つと仮定すると，$2^k>k^2$

両辺に 2 をかけて $2^{k+1}>2k^2$

ここで，$k\geqq5$ のとき

　　$2k^2-(k+1)^2=k^2-2k-1=(k-1)^2-2>0$ であるから

　　$2k^2>(k+1)^2$　　よって，$2^{k+1}>(k+1)^2$

ゆえに，$n=k+1$ のときも成り立つ．よって，証明された．

---

195 $a_1=3$ は 3 の倍数である．a_k が 3 の倍数であるとすると

　　$\begin{aligned}a_{k+1}&=(k+1)^3+2(k+1)=k^3+3k^2+5k+3\\&=(k^3+2k)+3(k^2+k+1)=a_k+3(k^2+k+1)\end{aligned}$

も 3 の倍数である．よって，証明された．

(参考) $\begin{aligned}n^3+2n&=(n^3-n)+3n\\&=(n-1)n(n+1)+3n\end{aligned}$

　　ここで，n が自然数のとき

　　$(n-1)n(n+1)$ は 6 の倍数

　　$3n$　　　　　　　　は 3 の倍数

　　であるから，n^3+2n は 3 の倍数である．

7

数

列

---

196 (1) $a_2=\dfrac{5}{3}$, $a_3=\dfrac{7}{5}$, $a_4=\dfrac{9}{7}$, $a_5=\dfrac{11}{9}$

(2) $a_n=\dfrac{2n+1}{2n-1}$ は，$n=1$ のとき成り立つ．

$n=k$ のとき成り立つと仮定すると，$a_k=\dfrac{2k+1}{2k-1}$

したがって，　$a_{k+1}=2-\dfrac{2k-1}{2k+1}=\dfrac{2k+3}{2k+1}=\dfrac{2(k+1)+1}{2(k+1)-1}$

となり，$n=k+1$ のときも成り立つ．よって，証明された．

50 確率分布

197
□

1個のサイコロを投げ，出る目を X とする．次の表を完成することにより，確率変数 X の確率分布を求めなさい．

X	1	2	3				計
P	$\frac{1}{6}$						

方針 サイコロの目は1から6までである．
それらの目に対応する確率を求め，記入する．
▶ 確率の合計も記入する．

198
□

1，2，3，4 の4枚のカードから同時に2枚のカードを取り出すとき，取り出したカードに書かれている数の小さいほうの数を X とする．確率変数 X の確率分布を求めなさい．

方針 $P(X=1)$，$P(X=2)$，$P(X=3)$ を求め，表に示す．

199
□

赤球3個と白球4個がはいっている袋から，同時に2個の球を取り出すとき，その中に含まれている赤球の個数 X の確率分布を求めなさい．

方針 $X=0$，$X=1$，$X=2$ に対応する確率を求め，表に示す．

200
□

10枚の硬貨を同時に投げて，表が出た枚数を X とする．確率変数 X の確率分布を求めなさい．

方針 確率分布を式で答える．
▶ X の変域は 0，1，2，……，9，10 である．

> **反復試行の確率**
> 試行 T において，事象 A が起こる確率を p，その余事象 $\overline{A}$ が起こる確率を $q=1-p$ とする．
> 試行 T を n 回繰り返すとき，事象 A がちょうど r 回起こる確率は
> $$_nC_r p^r q^{n-r} \quad (r=0, 1, 2, ……, n)$$

A N S W E R

197

X	1	2	3	4	5	6	計
P	$\dfrac{1}{6}$	$\dfrac{1}{6}$	$\dfrac{1}{6}$	$\dfrac{1}{6}$	$\dfrac{1}{6}$	$\dfrac{1}{6}$	1

---

198 カードの取り出し方は全部で $_4C_2$ 通りで，どの取り出し方も同様に確からしい．このうち，小さいほうの数が 1 であるのは

$$([1],\ [2]),\ ([1],\ [3]),\ ([1],\ [4])$$

小さいほうの数が 2 であるのは

$$([2],\ [3]),\ ([2],\ [4])$$

小さいほうの数が 3 であるのは

$$([3],\ [4])$$

よって

$$P(X=1)=\frac{3}{_4C_2}=\frac{3}{6}=\frac{1}{2}, \qquad P(X=2)=\frac{2}{_4C_2}=\frac{2}{6}=\frac{1}{3}$$

$$P(X=3)=\frac{1}{_4C_2}=\frac{1}{6}$$

X	1	2	3	計
P	$\dfrac{1}{2}$	$\dfrac{1}{3}$	$\dfrac{1}{6}$	1

---

199 球の取り出し方は全部で $_7C_2=21$ 通りで，どの取り出し方も同様に確からしい．このとき，

$$P(X=0)=\frac{_3C_0\times{_4C_2}}{_7C_2}=\frac{1\times6}{21}=\frac{6}{21}=\frac{2}{7}$$

$$P(X=1)=\frac{_3C_1\times{_4C_1}}{_7C_2}=\frac{3\times4}{21}=\frac{12}{21}=\frac{4}{7}$$

$$P(X=2)=\frac{_3C_2\times{_4C_0}}{_7C_2}=\frac{3\times1}{21}=\frac{3}{21}=\frac{1}{7}$$

X	1	2	3	計
P	$\dfrac{2}{7}$	$\dfrac{4}{7}$	$\dfrac{1}{7}$	1

8
統計的な推測

200

$$P(X=k)={_{10}C_k}\cdot\left(\frac{1}{2}\right)^k\cdot\left(\frac{1}{2}\right)^{10-k}$$

$$=\frac{_{10}C_k}{2^{10}} \qquad (k=0,\ 1,\ 2,\ \cdots\cdots,\ 10)$$

（参考） この確率分布は[53]に出てくる二項分布である．

51 確率変数の平均と分散

201 確率変数 X の確率分布は右の表のようになっている.
X の平均 $E(X)$ を求めなさい.

X	1	2	3	4	計
P	$\dfrac{1}{10}$	$\dfrac{2}{10}$	$\dfrac{3}{10}$	$\dfrac{4}{10}$	1

方針 確率変数の平均の定義に従って計算する.

▶ $E(X) = \displaystyle\sum_{i=1}^{n} x_i p_i = x_1 p_1 + x_2 p_2 + \cdots\cdots + x_n p_n$

---

202 問題 201 の確率変数 X の分散 $V(X)$ と標準偏差 $\sigma(X)$ を定義に従って求めなさい.

方針 確率変数の分散の定義に従って計算する.

▶ $E(X) = m$ とすると
$$V(X) = E((X-m)^2)$$
$$= \sum_{i=1}^{n}(x_i - m)^2 p_i$$
$$= (x_1 - m)^2 p_1 + (x_2 - m)^2 p_2 + \cdots\cdots + (x_n - m)^2 p_n$$

▶ 問題 201 の答の $E(X) = 3$ を利用してよい.

---

203 問題 201 の確率変数 X の分散 $V(X)$ を公式
$$V(X) = E(X^2) - \{E(X)\}^2$$
を利用して求めなさい.

▶ $E(X) = \displaystyle\sum_{i=1}^{n} x_i p_i$ のとき, $E(X^2) = \displaystyle\sum_{i=1}^{n} x_i^2 p_i$

▶ 問題 201 の答の $E(X) = 3$ を利用してもよい.

---

204 2つの確率変数 X, Y の間には $Y = 3X + 10$ という関係がある.
$E(X) = 50$, $E(X^2) = 2600$ のとき, $E(Y)$, $V(Y)$, $\sigma(Y)$ を求めなさい.

方針 まず, $V(X)$, $\sigma(X)$ を求めておく.

▶ a, b を定数とするとき
$$E(aX+b) = aE(X) + b$$
$$V(aX+b) = a^2 V(X)$$
$$\sigma(aX+b) = |a| \sigma(X)$$

201

$$E(X) = 1 \cdot \frac{1}{10} + 2 \cdot \frac{2}{10} + 3 \cdot \frac{3}{10} + 4 \cdot \frac{4}{10}$$

$$= \frac{30}{10} = 3$$

202

$$V(X) = (1-3)^2 \cdot \frac{1}{10} + (2-3)^2 \cdot \frac{2}{10} + (3-3)^2 \cdot \frac{3}{10} + (4-3)^2 \cdot \frac{4}{10}$$

$$= \frac{10}{10} = 1$$

$$\sigma(X) = \sqrt{V(X)} = \sqrt{1} = 1$$

203

$$E(X^2) = 1^2 \cdot \frac{1}{10} + 2^2 \cdot \frac{2}{10} + 3^2 \cdot \frac{3}{10} + 4^2 \cdot \frac{4}{10}$$

$$= \frac{100}{10} = 10$$

$$V(X) = E(X^2) - \{E(X)\}^2$$

$$= 10 - 3^2$$

$$= 1$$

8 統計的な推測

204

まず，$V(X) = E(X^2) - \{E(X)\}^2 = 2600 - 50^2 = 100$

$\qquad \sigma(X) = \sqrt{V(X)} = \sqrt{100} = 10$

よって，

$\qquad E(Y) = E(3X+10) = 3 \cdot E(X) + 10 = 3 \cdot 50 + 10 = \mathbf{160}$

$\qquad V(Y) = V(3X+10) = 3^2 \cdot V(X) = 3^2 \cdot 100 = \mathbf{900}$

$\qquad \sigma(Y) = \sigma(3X+10) = 3 \cdot \sigma(X) = 3 \cdot 10 = \mathbf{30}$

(参考) 次のようにして求めてもよい．

$\qquad\qquad \sigma(Y) = \sqrt{V(Y)} = \sqrt{900} = \mathbf{30}$

52 確率変数の和と積

205
□
(1) 1個のサイコロを投げ，出る目を X とする．X の平均 $E(X)$ を求めなさい．
(2) 2個のサイコロを同時に投げ，出る目をそれぞれ X，Y とする．このとき，出る目の和 $X+Y$ の平均 $E(X+Y)$ を求めなさい．
(3) 3個のサイコロを同時に投げ，出る目をそれぞれ X，Y，Z とする．このとき，出る目の和 $X+Y+Z$ の平均 $E(X+Y+Z)$ を求めなさい．

▶ $E(X+Y)=E(X)+E(Y)$

★ $E(X+Y)=E(X)+E(Y)$ は，X，Y が独立であっても なくても成り立つ．

- - -

206
□
A の袋には①，②，③の 3 枚のカードが，B の袋には⑤，⑥，⑦，⑧，⑨の 5 枚のカードがはいっている．A, B の袋からそれぞれカードを 1 枚ずつ取り出し，書かれている数を X，Y とする．
(1) 確率変数 X，Y の平均 $E(X)$，$E(Y)$ を求めなさい．
(2) 積 XY の平均 $E(XY)$ を求めなさい．

▶ 確率変数 X，Y が独立であるとき
$$E(XY)=E(X)\cdot E(Y)$$

- - -

207
□
問題 206 の確率変数 X，Y について，次の設問に答えなさい．
(1) 確率変数 X，Y の分散 $V(X)$，$V(Y)$ を求めなさい．
(2) 和 $X+Y$ の分散 $V(X+Y)$ を求めなさい．

▶ 確率変数 X，Y が独立であるとき
$$V(X+Y)=V(X)+V(Y)$$

- - -

208
□
確率変数 X，Y は独立で，次の値がわかっている．ただし，$E(X)\geqq E(Y)$ である．
$E(X+Y)=7$，$E(XY)=12$，$E(X^2)=20$，$E(Y^2)=11$
(1) $E(X)$，$E(Y)$ を求めなさい．
(2) $V(X)$，$V(Y)$ を求めなさい．

205

(1) $E(X)=1\cdot\dfrac{1}{6}+2\cdot\dfrac{1}{6}+3\cdot\dfrac{1}{6}+4\cdot\dfrac{1}{6}+5\cdot\dfrac{1}{6}+6\cdot\dfrac{1}{6}=\dfrac{21}{6}=\dfrac{7}{2}$

(2) $E(X+Y)=E(X)+E(Y)=\dfrac{7}{2}+\dfrac{7}{2}=\textbf{7}$

(3) $E(X+Y+Z)=E(X)+E(Y)+E(Z)=\dfrac{7}{2}+\dfrac{7}{2}+\dfrac{7}{2}=\dfrac{\textbf{21}}{\textbf{2}}$

(参考) X の確率分布表は，問題 197 参照.

(参考) $X+Y$ の確率分布は，次の表のようになる.

$X+Y$	2	3	4	5	6	7	8	9	10	11	12	計
P	$\dfrac{1}{36}$	$\dfrac{2}{36}$	$\dfrac{3}{36}$	$\dfrac{4}{36}$	$\dfrac{5}{36}$	$\dfrac{6}{36}$	$\dfrac{5}{36}$	$\dfrac{4}{36}$	$\dfrac{3}{36}$	$\dfrac{2}{36}$	$\dfrac{1}{36}$	1

206

(1) $E(X)=(1+2+3)\div3=\textbf{2}$

$E(Y)=(5+6+7+8+9)\div5=\textbf{7}$

(2) $X,\ Y$ は独立であるから

$$E(XY)=E(X)\cdot E(Y)=2\cdot7=\textbf{14}$$

207

(1) $V(X)=E(X^2)-\{E(X)\}^2=(1^2+2^2+3^2)\div3-2^2$

$\qquad=\dfrac{14}{3}-4=\dfrac{\textbf{2}}{\textbf{3}}$

$V(Y)=E(Y^2)-\{E(Y)\}^2=(5^2+6^2+7^2+8^2+9^2)\div5-7^2$

$\qquad=51-49=\textbf{2}$

(2) $X,\ Y$ は独立であるから

$$V(X+Y)=V(X)+V(Y)=\dfrac{2}{3}+2=\dfrac{\textbf{8}}{\textbf{3}}$$

208

(1) $E(X+Y)=7$ より　　$E(X)+E(Y)=7$　　……①

$X,\ Y$ は独立であるから

$E(XY)=12$ より　　$E(X)\cdot E(Y)=12$　　……②

①，②より $E(X),\ E(Y)$ は 2 次方程式

$$t^2-7t+12=0 \qquad\qquad ……③$$

の解である.

③より　　$(t-3)(t-4)=0$　よって，$t=3,\ 4$

$E(X)\geqq E(Y)$ より　　$E(X)=\textbf{4},\ E(Y)=\textbf{3}$

(2) $V(X)=E(X^2)-\{E(X)\}^2=20-4^2=\textbf{4}$

$V(Y)=E(Y^2)-\{E(Y)\}^2=11-3^2=\textbf{2}$

8

統計的な推測

53 二項分布

209 1個のサイコロを4回繰り返し投げるとき, 1の目が出る回数を X とする. X の確率分布を表す右の表を完成しなさい.

X	0	1	2	3	4	計
P	$\dfrac{625}{1296}$		$\dfrac{150}{1296}$			

> **二項分布**
> 確率変数 X が二項分布 $B(n,\ p)$ に従うとき, $q=1-p$ とすると
> $$P(X=r)={}_n\mathrm{C}_r p^r q^{n-r} \qquad (r=0,\ 1,\ 2,\ \cdots\cdots,\ n)$$

210 確率変数 X が次の二項分布に従うとき, X の平均 $E(X)$, 分散 $V(X)$ を求めなさい.

(1) $B\left(60,\ \dfrac{1}{6}\right)$ (2) $B(100,\ 0.64)$

> **二項分布の平均と分散**
> 確率変数 X が二項分布 $B(n,\ p)$ に従うとき
> $$E(X)=np, \quad V(X)=npq \quad \text{ただし, } q=1-p$$

211 袋の中に $\boxed{1}$, $\boxed{2}$, $\boxed{3}$, $\boxed{4}$, $\boxed{5}$ の5枚のカードがはいっている. この袋の中をよく混ぜてから1枚のカードを取り出し, 書かれた数を記録してからカードをもとにもどす. この試行を10回繰り返して, 1が記録された回数を X とする.

(1) 確率変数 X の平均 $E(X)$, 分散 $V(X)$ を求めなさい.
(2) $X \geqq 8$ となる確率 $P(X \geqq 8)$ を求めなさい.

212 確率変数 X が二項分布 $B\left(400,\ \dfrac{1}{5}\right)$ に従うとき, 次の確率変数 Y の平均と分散を求めなさい.

(1) $Y=3X+4$ (2) $Y=100-X$

▶ $a,\ b$ を定数とするとき
$$E(aX+b)=aE(X)+b, \quad V(aX+b)=a^2V(X)$$

A N S W E R

209

確率変数 X は二項分布 $B\left(4, \dfrac{1}{6}\right)$ に従うから

$$P(X=r)={}_4\mathrm{C}_r\left(\dfrac{1}{6}\right)^r\left(\dfrac{5}{6}\right)^{4-r}={}_4\mathrm{C}_r\cdot\dfrac{5^{4-r}}{6^4}$$

よって

$$P(X=1)={}_4\mathrm{C}_1\cdot\dfrac{5^3}{6^4}=\dfrac{500}{1296}, \qquad P(X=3)={}_4\mathrm{C}_3\cdot\dfrac{5^1}{6^4}=\dfrac{20}{1296}$$

$$P(X=4)={}_4\mathrm{C}_4\cdot\dfrac{5^0}{6^4}=\dfrac{1}{1296}$$

X	0	1	2	3	4	計
P	$\dfrac{625}{1296}$	$\dfrac{\mathbf{500}}{\mathbf{1296}}$	$\dfrac{150}{1296}$	$\dfrac{\mathbf{20}}{\mathbf{1296}}$	$\dfrac{\mathbf{1}}{\mathbf{1296}}$	1

210

(1) $E(X)=60\cdot\dfrac{1}{6}=\mathbf{10}, \quad V(X)=60\cdot\dfrac{1}{6}\cdot\dfrac{5}{6}=\dfrac{\mathbf{25}}{\mathbf{3}}$

(2) $E(X)=100\cdot0.64=\mathbf{64}, \quad V(X)=100\cdot0.64\cdot0.36=\mathbf{23.04}$

211

確率変数 X は二項分布 $B\left(10, \dfrac{1}{5}\right)$ に従う.

(1) $E(X)=10\cdot\dfrac{1}{5}=\mathbf{2} \quad V(X)=10\cdot\dfrac{1}{5}\cdot\dfrac{4}{5}=\dfrac{\mathbf{8}}{\mathbf{5}}$

(2) $P(X\geqq8)=P(X=8)+P(X=9)+P(X=10)$

$$={}_{10}\mathrm{C}_8\left(\dfrac{1}{5}\right)^8\left(\dfrac{4}{5}\right)^2+{}_{10}\mathrm{C}_9\left(\dfrac{1}{5}\right)^9\left(\dfrac{4}{5}\right)^1+{}_{10}\mathrm{C}_{10}\left(\dfrac{1}{5}\right)^{10}\left(\dfrac{4}{5}\right)^0$$

$$=\dfrac{720}{5^{10}}+\dfrac{40}{5^{10}}+\dfrac{1}{5^{10}}=\dfrac{\mathbf{761}}{\mathbf{5^{10}}}$$

(参考) $5^{10}=9765625$

212

$$E(X)=400\cdot\dfrac{1}{5}=80 \quad V(X)=400\cdot\dfrac{1}{5}\cdot\dfrac{4}{5}=64$$

(1) $E(Y)=E(3X+4)=3E(X)+4=3\cdot80+4=\mathbf{244}$
$V(Y)=V(3X+4)=3^2V(X)=9\cdot64=\mathbf{576}$

(2) $E(Y)=E(100-X)=100-E(X)=100-80=\mathbf{20}$
$V(Y)=V(100-X)=(-1)^2V(X)=1\cdot64=\mathbf{64}$

8
統
計
的
な
推
測

54 正規分布

213

確率変数 Z が標準正規分布 $N(0, 1)$ に従うとき, 次の確率を求めなさい.

(1) $P(0 \leqq Z \leqq 1)$　　(2) $P(Z > 1)$　　(3) $P(Z \leqq 1.5)$

(4) $P(-1 \leqq Z \leqq 2)$　　(5) $P(-1.96 \leqq Z \leqq 1.96)$

方針 正規分布表を利用して求める.

▶ 正規分布表には標準正規分布の $u(z)$ の値がまとめられている.

(注意) 正規分布表は, p.224 を参照のこと.

214

確率変数 X が正規分布 $N(50, 10^2)$ に従うとき, 次の確率を求めなさい.

(1) $P(50 \leqq X \leqq 60)$　　(2) $P(X > 70)$

(3) $P(35 \leqq X \leqq 65)$

方針 標準正規分布に変換することにより, 正規分布表を利用できるようにする.

▶ $Z = \dfrac{X - 50}{10}$ と変換すると, Z は $N(0, 1)$ に従う.

▶

X	30	40	50	60	70
Z	-2	-1	0	1	2

215

ある高等学校の 2 年生男子の身長の分布は, 平均 169 cm, 標準偏差 7 cm の正規分布と見なしてよいという.

この高等学校の 2 年生男子で身長が 175 cm を越える者は全体のおよそ何 % か小数第 1 位を四捨五入して整数値で答えなさい.

方針 標準正規分布に変換して考える.

▶ $Z = \dfrac{X - 169}{7}$ と変換すると, Z は $N(0, 1)$ に従う.

A N S W E R

213

(1) $P(0 \leq Z \leq 1) = u(1) = \mathbf{0.3413}$

(2) $P(Z > 1) = P(Z \geq 0) - P(0 \leq Z \leq 1) = 0.5 - u(1)$
$= 0.5 - 0.3413 = \mathbf{0.1587}$

(3) $P(Z \leq 1.5) = P(Z \leq 0) + P(0 \leq Z \leq 1.5) = 0.5 + u(1.5)$
$= 0.5 + 0.4332 = \mathbf{0.9332}$

(4) $P(-1 \leq Z \leq 2) = P(-1 \leq Z \leq 0) + P(0 \leq Z \leq 2)$
$= u(1) + u(2)$
$= 0.3413 + 0.4772 = \mathbf{0.8185}$

(5) $P(-1.96 \leq Z \leq 1.96) = 2P(0 \leq Z \leq 1.96) = 2u(1.96)$
$= 2 \cdot 0.4750 = \mathbf{0.9500}$

214

$Z = \dfrac{X-50}{10}$ とおくと，Z は $N(0, 1)$ に従う.

(1) $P(50 \leq X \leq 60) = P\left(\dfrac{50-50}{10} \leq Z \leq \dfrac{60-50}{10}\right) = P(0 \leq Z \leq 1)$
$= u(1) = \mathbf{0.3413}$

(2) $P(X > 70) = P\left(Z > \dfrac{70-50}{10}\right) = P(Z > 2)$
$= P(Z \geq 0) - P(0 \leq Z \leq 2)$
$= 0.5 - u(2) = 0.5 - 0.4772 = \mathbf{0.0228}$

(3) $P(35 \leq X \leq 65) = P\left(\dfrac{35-50}{10} \leq Z \leq \dfrac{65-50}{10}\right)$
$= P(-1.5 \leq Z \leq 1.5)$
$= 2P(0 \leq Z \leq 1.5) = 2u(1.5)$
$= 2 \cdot 0.4332 = \mathbf{0.8664}$

8 統計的な推測

215

確率変数 X が正規分布 $N(169, 7^2)$ に従うとすると，求める割合は確率 $P(X > 175)$ である.

$Z = \dfrac{X-169}{7}$ とおくと，Z は $N(0, 1)$ に従うから

$P(X > 175) = P\left(Z > \dfrac{175-169}{7}\right) \fallingdotseq P(Z > 0.85)$
$= P(Z \geq 0) - P(0 \leq Z \leq 0.85)$
$= 0.5 - 0.3023 = 0.1977$

ゆえに，求める割合はおよそ**20%**である.

55 二項分布と正規分布

216

(1) 確率変数 X が二項分布 $B(n,\ p)$ に従うとすると，n が十分大きいとき，確率変数 X は正規分布 $N([ア],\ [イ])$ に従うとみなすことができる．
（語群）n, p, q, np, nq, npq, np^2q^2

(2) 確率変数 X が二項分布 $B(n,\ p)$ に従うとすると，n が十分大きいとき，確率変数 $Z=\dfrac{X-np}{\sqrt{npq}}$ は標準正規分布 $N([ウ],\ [エ])$ に従うとみなすことができる．
（語群）-2, -1, 0, 1, 2, 3, 4, 5

方針 二項分布 $B(n,\ p)$ に従う確率変数 X は，n が十分大きいとき，正規分布 $N(np,\ npq)$ に従うと見なしてよいことを利用する．ただし，$q=1-p$ である．

217 1枚のコインを1600回投げるとき，表の出る回数が830回以上である確率はおよそ何％であるか小数第1位を四捨五入して整数値で求めなさい．

方針 標準正規分布で近似すると考える．

▶ 表の出る回数 X は二項分布 $B\left(1600,\ \dfrac{1}{2}\right)$ に従う．

218 ある植物の種子の発芽率は60％である．この種子を600粒まくとき，336粒以上発芽する確率はおよそ何％であるか小数第1位を四捨五入して整数値で答えなさい．

方針 標準正規分布で近似すると考える．

▶ 発芽する粒数 X は二項分布 $B(600,\ 0.6)$ に従う．

216
□
(1) ア np イ npq
(2) ウ 0 エ 1

217
□
表の出る回数を X とすると，X は二項分布 $B\left(1600, \dfrac{1}{2}\right)$ に従う．

よって，$E(X)=1600\cdot\dfrac{1}{2}=800,\ \sigma(X)=\sqrt{1600\cdot\dfrac{1}{2}\cdot\dfrac{1}{2}}=20$

したがって，$Z=\dfrac{X-800}{20}$ とおくと，確率変数 Z は標準正規分布 $N(0,\ 1)$ に従うと見なしてよい．

ここで，$\dfrac{830-800}{20}=1.5$ であるから

$\quad P(X\geqq830)=P(Z\leqq1.5)=P(Z\geqq0)-P(0\leqq Z\leqq1.5)$
$\qquad\qquad\qquad\qquad\ =0.5-u(1.5)$
$\qquad\qquad\qquad\qquad\ =0.5-0.4332=0.0668$

ゆえに，およそ **7%** である．
（注意）正規分布表は，p.224 を参照のこと．

218
□
発芽する粒数を X とすると，X は二項分布 $B(600,\ 0.6)$ に従う．

よって，$E(X)=600\cdot0.6=360,\ \sigma(X)=\sqrt{600\cdot0.6\cdot0.4}=12$

したがって，$Z=\dfrac{X-360}{12}$ とおくと，確率変数 Z は標準正規分布 $N(0,\ 1)$ に従うと見なしてよい．

ここで，$\dfrac{336-360}{12}=-2$ であるから

$\quad P(X\geqq336)=P(Z\geqq-2)=P(-2\leqq Z\leqq0)+P(0\leqq Z)$
$\qquad\qquad\qquad\qquad\ =u(2)+0.5=0.4772+0.5=0.9772$

ゆえに，およそ **98%** である．

8
統計的な推測

56 推定の考え方

219
母平均 50，母分散 9 の母集団から大きさ 100 の標本を復元抽出するとき，その標本平均 $\overline{X}$ の平均と標準偏差を求めなさい．

> **標本平均の平均と標準偏差**
> 　母平均 m，母標準偏差 σ の母集団から大きさ n の標本を復元抽出するとき，その標本平均 $\overline{X}$ の平均と標準偏差は
> $$E(\overline{X})=m, \qquad \sigma(\overline{X})=\frac{\sigma}{\sqrt{n}}$$

220
母平均 50，母分散 25^2 の母集団から大きさ 100 の標本を復元抽出するとき，その標本平均 $\overline{X}$ が $\overline{X}>55$ を満たす確率を求めなさい．

> **標本平均の分布**
> 　母平均 m，母分散 σ^2 の母集団から無作為抽出された大きさ n の標本平均 $\overline{X}$ の分布は，n が大きければ正規分布 $N\left(m, \dfrac{\sigma^2}{n}\right)$ と見なすことができる．

221
ある工場で製造されている製品 900 個を調べたところ，製品 1 個あたりの重さの平均は 400 g であった．母標準偏差 150 g がわかっているとき，母平均 m に対する信頼度 95 ％の信頼区間を求めなさい．

> **母平均の推定**
> 　母分散 σ^2 が分かっている母集団から大きさ n の標本を抽出するとき，n が大きければ，母平均 m に対する信頼度 95 ％の信頼区間は
> $$\overline{X}-1.96\cdot\frac{\sigma}{\sqrt{n}} \leqq m \leqq \overline{X}+1.96\cdot\frac{\sigma}{\sqrt{n}}$$

A　N　S　W　E　R

219

$$E(\overline{X}) = 50$$

$$\sigma(\overline{X}) = \frac{\sqrt{9}}{\sqrt{100}} = \frac{3}{10} = \mathbf{0.3}$$

220

標本平均 $\overline{X}$ の分布は正規分布 $N\left(50, \dfrac{25^2}{100}\right)$ と見なすこと

ができるから，$\overline{X}$ を標準化した確率変数 $Z = \dfrac{\overline{X}-50}{\dfrac{25}{\sqrt{100}}}$ の分

布は標準正規分布 $N(0, 1)$ と見なすことができる.

$$\overline{X} > 55 \iff Z > \frac{55-50}{2.5} = 2$$

であるから

$$P(\overline{X} > 55) = P(Z > 2) = P(Z \geqq 0) - P(0 \leqq Z \leqq 2)$$
$$= 0.5 - u(2)$$
$$= 0.5 - 0.4772 = \mathbf{0.0228}$$

（注意）正規分布表は，p.224 を参照のこと.

（注意）正規分布表は，p.224 を参照のこと.

8

統計的な推測

221

母平均 m に対する信頼度 95 % の信頼区間は

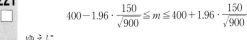

$$400 - 1.96 \cdot \frac{150}{\sqrt{900}} \leqq m \leqq 400 + 1.96 \cdot \frac{150}{\sqrt{900}}$$

ゆえに

$$\mathbf{390.2 \leqq m \leqq 409.8}$$

57 仮説検定の考え方

222 工場 B で製造している石けんの重さは，平均 120 g，標準偏差 5 g の正規分布に従うことがわかっている．

ある日，工場 B の石けん 100 個を抽出してその重さを調べたところ，平均は 121 g であった．この日の石けんの重さは正常であると言えるか．有意水準 5 ％で両側検定しなさい．

方針 帰無仮説と対立仮説を設定し，棄却域を調べる．

▶ 帰無仮説と対立仮説を設定する．

▶ 標本平均 $\overline{X}$ は正規分布 $N\left(120, \dfrac{5^2}{100}\right)$ に従う．

▶ $Z = \dfrac{\overline{X} - E(X)}{\sigma}$ が $N(0,\ 1)$ に従うことより，$\overline{X} = 121$ が棄却域にあるかどうかを判断する．

▶ $P(-1.96 \leqq Z \leqq 1.96) = 0.95$ より，有意水準 5 ％の場合は ±1.96 を利用する．

▶ 棄却域にあるとき，帰無仮説は棄却され，対立仮説が正しいと言える．

223 硬貨 C を 400 回投げたところ，表が 180 回出た．硬貨 C は表裏の出方に偏りがないと言えるか．有意水準 5 ％で両側検定しなさい．

方針 帰無仮説と対立仮説を設定し，棄却域を調べる．

▶ 帰無仮説と対立仮説を設定する．

▶ 二項分布 $B(n,\ p)$ に従う確率変数 X は $E(X) = np$，$\sigma(X) = npq$ であり，n が十分に大きいとき，X は近似的に正規分布 $N(np,\ npq)$ に従う（ただし，$q = 1 - p$）．

▶ $Z = \dfrac{X - E(X)}{\sigma}$ が近似的に $N(0,\ 1)$ に従うことより，$X = 180$ が棄却域にあるかどうかを判断する．

▶ $P(-1.96 \leqq Z \leqq 1.96) = 0.95$ より，有意水準 5 ％の場合は ±1.96 を利用する．

▶ 棄却域にあるとき，帰無仮説は棄却され，対立仮説が正しいと言える．

222

帰無仮説を「この日の石けんの重さは正常である」すなわち「この日の石けんの重さの平均は 120 g」とし，対立仮説を「この日の石けんの重さは異常である」とする．

標本平均 $\overline{X}$ は正規分布 $N\left(120,\ \dfrac{5^2}{100}\right)$ に従うから

$$Z=\frac{\overline{X}-120}{\dfrac{5}{\sqrt{100}}}=\frac{\overline{X}-120}{0.5}$$

は標準正規分布 $N(0,\ 1)$ に従う．このとき

$$\frac{121-120}{0.5}=2>1.96$$

$$(121>120+1.96\times 0.5)$$

であるから，$\overline{X}=121$ は棄却域にあるので，帰無仮説は棄却され，対立仮説が正しいと言える．

すなわち，**この日の石けんの重さは異常であると言える．**

223

帰無仮説を「硬貨 C は表裏の出方に偏りがない」すなわち「硬貨 C は表裏の出方の確率はそれぞれ $\dfrac{1}{2}$」とし，対立仮説を「硬貨 C は表裏の出方に偏りがある」とする．

硬貨 C を 400 回投げるときの表が出る回数を X とすると，X は二項分布 $B\left(400,\ \dfrac{1}{2}\right)$ に従う．よって

$$E(X)=400\cdot\frac{1}{2}=200,\quad \sigma(X)=\sqrt{400\cdot\frac{1}{2}\cdot\frac{1}{2}}=10$$

であるので，X は近似的に $N(200,\ 10^2)$ に従うから

$$Z=\frac{X-200}{10}$$

は近似的に標準正規分布 $N(0,\ 1)$ に従う．このとき

$$\frac{180-200}{10}=-2.0<-1.96$$

$$(180<200-1.96\times 10)$$

であるから，$X=180$ は棄却域にあるので，帰無仮説は棄却され，対立仮説が正しいと言える．

すなわち，**硬貨 C は表裏の出方に偏りがあると言える．**

8
統計的な推測

58 ベクトルの和・差・実数倍

224 右の正六角形 ABCDEF において,
次のベクトルを簡単にしなさい.

(1) $\overrightarrow{AB}+\overrightarrow{OD}$

(2) $2\overrightarrow{BC}-\overrightarrow{AF}$

方針 計算しやすいように平行移動
して考える.

▶ $\overrightarrow{AB}+\overrightarrow{BC}=\overrightarrow{AC}$

$\overrightarrow{AC}-\overrightarrow{AB}=\overrightarrow{BC}$

$\overrightarrow{AC}-\overrightarrow{BC}=\overrightarrow{AB}$

---

225 次の計算をしなさい.

$$5(2\vec{a}+3\vec{b})-3(4\vec{a}-2\vec{b})$$

---

226 右の四角形 ABCD で,次の式が
成り立つことを証明しなさい.

$$\overrightarrow{AB}+\overrightarrow{DC}=\overrightarrow{AC}+\overrightarrow{DB}$$

方針 $\overrightarrow{AC}=\overrightarrow{AB}+\overrightarrow{BC}$

$\overrightarrow{DB}=\overrightarrow{DC}+\overrightarrow{CB}$

の2式を加える.

9
ベクトル

---

227 右の図で,G は三角形 ABC の
重心である.このとき,$\overrightarrow{AG}$ を
$\overrightarrow{AN}$, $\overrightarrow{AM}$ で表しなさい.

方針 $\overrightarrow{AG}=\dfrac{2}{3}\overrightarrow{AL}$

▶ 3点 L, M, N はそれぞれの
辺の中点である.

224

(1)　$\overrightarrow{AB}+\overrightarrow{OD}=\overrightarrow{AB}+\overrightarrow{BC}$
　　　　　$=\overrightarrow{AC}$　　　（$\overrightarrow{FD}$ でもよい）

(2)　$2\overrightarrow{BC}-\overrightarrow{AF}=\overrightarrow{AD}-\overrightarrow{AF}$
　　　　　$=\overrightarrow{FD}$　　　（$\overrightarrow{AC}$ でもよい）

225

$$5(2\vec{a}+3\vec{b})-3(4\vec{a}-2\vec{b})$$
$$=10\vec{a}+15\vec{b}-12\vec{a}+6\vec{b}$$
$$=-2\vec{a}+21\vec{b}$$

226

$$\overrightarrow{AC}=\overrightarrow{AB}+\overrightarrow{BC}$$
$$\overrightarrow{DB}=\overrightarrow{DC}+\overrightarrow{CB}$$

これら 2 式を辺々加えて
$$\overrightarrow{AC}+\overrightarrow{DB}=\overrightarrow{AB}+\overrightarrow{DC}+\overrightarrow{BC}+\overrightarrow{CB}$$
ここで，　$\overrightarrow{BC}+\overrightarrow{CB}=\overrightarrow{BB}=\vec{0}$
ゆえに，　$\overrightarrow{AB}+\overrightarrow{DC}=\overrightarrow{AC}+\overrightarrow{DB}$

227

G が△ABC の重心であるから，L，M，N はそれぞれの辺の中点になっている．

まず，　$\overrightarrow{AG}=\dfrac{2}{3}\overrightarrow{AL}$

また，　$\overrightarrow{AL}=\dfrac{\overrightarrow{AB}+\overrightarrow{AC}}{2}=\dfrac{2\overrightarrow{AN}+2\overrightarrow{AM}}{2}$
　　　　　$=\overrightarrow{AN}+\overrightarrow{AM}$

ゆえに

$$\overrightarrow{AG}=\dfrac{2}{3}(\overrightarrow{AN}+\overrightarrow{AM})$$

9

ベクトル

59 ベクトルの成分

228 $\vec{a}=(1,\ -2)$, $\vec{b}=(4,\ 3)$ のとき
$$3(\vec{a}+2\vec{b})-2(3\vec{a}+2\vec{b})$$
を求めなさい.

方針 整理してから成分を代入する.

229 座標平面上に 3 点 A(1, 3), B(−2, 1), C(2, −4) がある.
(1) $\overrightarrow{AB}$, $\overrightarrow{AC}$ を成分で表しなさい.
(2) 四角形 ABPC が平行四辺形となるような点 P の座標を求めなさい.

方針 (1) 終点の座標から始点の座標を引いて求める.
(2) $\overrightarrow{AP}=\overrightarrow{AB}+\overrightarrow{AC}$

230 $\vec{a}=(2,\ 1)$, $\vec{b}=(5,\ -2)$, $\vec{c}=(1,\ 5)$ のとき
$$\vec{c}=x\vec{a}+y\vec{b}$$
を満たす x, y を求めなさい.

方針 成分を代入して, x, y の連立方程式を解く.

231 $\vec{a}=(5,\ -12)$ と同じ向きの単位ベクトルを成分で表しなさい.

方針 $\vec{a}\neq\vec{0}$ のとき, $\vec{a}$ と同じ向きの単位ベクトルは
$$\frac{\vec{a}}{|\vec{a}|}$$

9
ベクトル

A　N　S　W　E　R

228

$$3(\vec{a}+2\vec{b})-2(3\vec{a}+2\vec{b})$$
$$=3\vec{a}+6\vec{b}-6\vec{a}-4\vec{b}=-3\vec{a}+2\vec{b}$$
$$=-3(1,\ -2)+2(4,\ 3)=(-3,\ 6)+(8,\ 6)$$
$$=(\mathbf{5},\ \mathbf{12})$$

229

(1)　$\overrightarrow{AB}=(-2,\ 1)-(1,\ 3)=(\mathbf{-3},\ \mathbf{-2})$
　　$\overrightarrow{AC}=(2,\ -4)-(1,\ 3)=(\mathbf{1},\ \mathbf{-7})$

(2)　四角形 ABPC が平行四辺形となるから
　　　　$\overrightarrow{AP}=\overrightarrow{AB}+\overrightarrow{AC}$
　　　　　　$=(-3,\ -2)+(1,\ -7)$
　　　　　　$=(-2,\ -9)$

ゆえに，　$\overrightarrow{OP}=\overrightarrow{OA}+\overrightarrow{AP}$
　　　　　　　$=(1,\ 3)+(-2,\ -9)$
　　　　　　　$=(-1,\ -6)$

すなわち，　$\mathbf{P}(\mathbf{-1},\ \mathbf{-6})$

230

$\vec{c}=x\vec{a}+y\vec{b}$ より
　　　　　　$(1,\ 5)=x(2,\ 1)+y(5,\ -2)$
　　　　　　　　　$=(2x+5y,\ x-2y)$

よって，　$\begin{cases}2x+5y=1\\ x-2y=5\end{cases}$

これを解いて，$x=\mathbf{3},\ y=\mathbf{-1}$

9

ベクトル

231

　　　　　$|\vec{a}|=\sqrt{5^2+(-12)^2}=13$
よって $\vec{a}$ と同じ向きの単位ベクトルは

$$\frac{\vec{a}}{13}=\left(\frac{\mathbf{5}}{\mathbf{13}},\ -\frac{\mathbf{12}}{\mathbf{13}}\right)$$

60 ベクトルの内積

232 右の1辺の長さが4の正六角形に
おいて，次の内積を求めなさい．

(1) $\overrightarrow{AB}\cdot\overrightarrow{FE}$ (2) $\overrightarrow{AD}\cdot\overrightarrow{CE}$

(3) $\overrightarrow{DB}\cdot\overrightarrow{BF}$ (4) $\overrightarrow{AD}\cdot\overrightarrow{CB}$

方針 $\vec{a}\cdot\vec{b}=|\vec{a}||\vec{b}|\cos\theta$

---

233 $\vec{a}=(3,\ 4),\ \vec{b}=(-3,\ 5),\ \vec{c}=(7,\ -4)$ のとき，
$\vec{a}\cdot\vec{b}+\vec{a}\cdot\vec{c}$ を求めなさい．

方針 $\vec{a}\cdot\vec{b}+\vec{a}\cdot\vec{c}=\vec{a}\cdot(\vec{b}+\vec{c})$

▶ $\vec{a}=(a_1,\ a_2),\ \vec{b}=(b_1,\ b_2)$ のとき
$$\vec{a}\cdot\vec{b}=a_1b_1+a_2b_2$$

---

234 $\vec{a}=(4,\ 8),\ \vec{b}=(9,\ 3)$ のとき，$\vec{a}$ と $\vec{b}$ のなす角を求めなさい．

方針 $\cos\theta=\dfrac{\vec{a}\cdot\vec{b}}{|\vec{a}||\vec{b}|}$

---

235 A(2, 7), B(5, 3), C(−2, 1), D(2, y) のとき，$\overrightarrow{AB}\perp\overrightarrow{CD}$
となるように y の値を定めなさい．

方針 $\overrightarrow{AB}\cdot\overrightarrow{CD}=0$ の利用．

▶ $\overrightarrow{AB}$, $\overrightarrow{CD}$ を成分で表して計算する．

A　　N　　S　　W　　E　　R

232
(1) $\overrightarrow{\mathrm{AB}}\cdot\overrightarrow{\mathrm{FE}}=\overrightarrow{\mathrm{AB}}\cdot\overrightarrow{\mathrm{AO}}=4\cdot4\cdot\cos 60°=4\cdot4\cdot\dfrac{1}{2}=\mathbf{8}$

(2) $\overrightarrow{\mathrm{AD}}\cdot\overrightarrow{\mathrm{CE}}=|\overrightarrow{\mathrm{AD}}|\cdot|\overrightarrow{\mathrm{CE}}|\cos 90°=|\overrightarrow{\mathrm{AD}}|\cdot|\overrightarrow{\mathrm{CE}}|\cdot0=\mathbf{0}$

(3) $\overrightarrow{\mathrm{DB}}\cdot\overrightarrow{\mathrm{BF}}=|\overrightarrow{\mathrm{DB}}|\cdot|\overrightarrow{\mathrm{BF}}|\cos 120°=4\sqrt{3}\cdot4\sqrt{3}\cdot\left(-\dfrac{1}{2}\right)$

$\qquad\qquad =\mathbf{-24}$

(4) $\overrightarrow{\mathrm{AD}}\cdot\overrightarrow{\mathrm{CB}}=|\overrightarrow{\mathrm{AD}}|\cdot|\overrightarrow{\mathrm{CB}}|\cos 180°=8\cdot4\cdot(-1)=\mathbf{-32}$

233
$$\vec{a}\cdot\vec{b}+\vec{a}\cdot\vec{c}=\vec{a}\cdot(\vec{b}+\vec{c})$$
ここで，$\vec{b}+\vec{c}=(-3,\ 5)+(7,\ -4)=(4,\ 1)$
よって，$\vec{a}\cdot(\vec{b}+\vec{c})=3\times4+4\times1=16$
すなわち，$\qquad\vec{a}\cdot\vec{b}+\vec{a}\cdot\vec{c}=\mathbf{16}$
(参考) $\vec{a}\cdot\vec{b}=11,\ \vec{a}\cdot\vec{c}=5$

234
なす角を θ とすると
$$\cos\theta=\frac{\vec{a}\cdot\vec{b}}{|\vec{a}||\vec{b}|}=\frac{4\times9+8\times3}{4\sqrt{5}\cdot3\sqrt{10}}=\frac{60}{60\sqrt{2}}$$
$$=\frac{1}{\sqrt{2}}$$
ゆえに，$\quad\theta=\mathbf{45°}\ \left(\theta=\dfrac{\pi}{4}\right)$

235
$$\overrightarrow{\mathrm{AB}}=(5,\ 3)-(2,\ 7)=(3,\ -4)$$
$$\overrightarrow{\mathrm{CD}}=(2,\ y)-(-2,\ 1)=(4,\ y-1)$$
$\overrightarrow{\mathrm{AB}}\perp\overrightarrow{\mathrm{CD}}$ より $\overrightarrow{\mathrm{AB}}\cdot\overrightarrow{\mathrm{CD}}=0$
よって，$\qquad 3\times4+(-4)\times(y-1)=0$
$$12-4y+4=0$$
ゆえに，$\qquad\qquad\qquad y=\mathbf{4}$

9
ベクトル

61 内積の応用

236
次の等式を証明しなさい.
(1) $|\vec{a}+\vec{b}|^2=|\vec{a}|^2+2\vec{a}\cdot\vec{b}+|\vec{b}|^2$
(2) $|\vec{a}-\vec{b}|^2=|\vec{a}|^2-2\vec{a}\cdot\vec{b}+|\vec{b}|^2$

方針 $|\vec{a}|^2=\vec{a}\cdot\vec{a}$

237
$|\vec{a}|=3$, $|\vec{b}|=4$, $\vec{a}\cdot\vec{b}=2$ のとき, $|\vec{a}+\vec{b}|$ を求めなさい.

方針 $|\vec{a}+\vec{b}|^2=|\vec{a}|^2+2\vec{a}\cdot\vec{b}+|\vec{b}|^2$

238
$|\vec{a}|=3$, $|\vec{b}|=5$, $|\vec{a}-\vec{b}|=7$ のとき, 次の値を求めなさい.
(1) $\vec{a}\cdot\vec{b}$　　　　　　　(2) $\vec{a}$ と $\vec{b}$ のなす角

方針 $|\vec{a}-\vec{b}|^2=|\vec{a}|^2-2\vec{a}\cdot\vec{b}+|\vec{b}|^2$ に与えられた数値を代入する.

239
座標平面上に 3 点 O(0, 0), A(5, 3), B(1, 4) がある.
(1) $\overrightarrow{OA}$, $\overrightarrow{OB}$ のなす角を θ とするとき, $\cos\theta$, $\sin\theta$ を求めなさい.
(2) △OAB の面積を求めなさい.

方針 $\cos\theta=\dfrac{\overrightarrow{OA}\cdot\overrightarrow{OB}}{|\overrightarrow{OA}||\overrightarrow{OB}|}$ の利用.

▶ $\sin\theta=\sqrt{1-\cos^2\theta}$

▶ △OAB$=\dfrac{1}{2}\cdot$OA$\cdot$OB$\cdot\sin\theta$

A N S W E R

236

(1) $|\vec{a}+\vec{b}|^2=(\vec{a}+\vec{b})\cdot(\vec{a}+\vec{b})$
$=\vec{a}\cdot\vec{a}+\vec{a}\cdot\vec{b}+\vec{b}\cdot\vec{a}+\vec{b}\cdot\vec{b}$
$=|\vec{a}|^2+2\vec{a}\cdot\vec{b}+|\vec{b}|^2$

(2) $|\vec{a}-\vec{b}|^2=(\vec{a}-\vec{b})\cdot(\vec{a}-\vec{b})$
$=\vec{a}\cdot\vec{a}-\vec{a}\cdot\vec{b}-\vec{b}\cdot\vec{a}+\vec{b}\cdot\vec{b}$
$=|\vec{a}|^2-2\vec{a}\cdot\vec{b}+|\vec{b}|^2$

237

$|\vec{a}+\vec{b}|^2=|\vec{a}|^2+2\vec{a}\cdot\vec{b}+|\vec{b}|^2$
$=3^2+2\cdot2+4^2=29$

よって, $|\vec{a}+\vec{b}|=\sqrt{29}$

238

(1) $|\vec{a}-\vec{b}|^2=|\vec{a}|^2-2\vec{a}\cdot\vec{b}+|\vec{b}|^2$ より
$7^2=3^2-2\vec{a}\cdot\vec{b}+5^2$

よって, $\vec{a}\cdot\vec{b}=-\dfrac{15}{2}$

(2) $\vec{a}$ と $\vec{b}$ のなす角を θ とすると

$$\cos\theta=\frac{\vec{a}\cdot\vec{b}}{|\vec{a}||\vec{b}|}=\frac{-\dfrac{15}{2}}{3\cdot5}=-\frac{1}{2}$$

ゆえに, $\theta=120°$ $\left(\theta=\dfrac{2}{3}\pi\right)$

239

(1) $\cos\theta=\dfrac{\overrightarrow{OA}\cdot\overrightarrow{OB}}{|\overrightarrow{OA}||\overrightarrow{OB}|}=\dfrac{17}{\sqrt{34}\cdot\sqrt{17}}=\dfrac{1}{\sqrt{2}}$

$\sin\theta=\sqrt{1-\left(\dfrac{1}{\sqrt{2}}\right)^2}=\dfrac{1}{\sqrt{2}}$

(2) $\triangle OAB=\dfrac{1}{2}OA\cdot OB\cdot\sin\theta=\dfrac{1}{2}\sqrt{34}\cdot\sqrt{17}\cdot\dfrac{1}{\sqrt{2}}=\dfrac{17}{2}$

(**参考**) $\theta=45°$ である.

9 ベクトル

62 ベクトル方程式

240 点 A(5, 4) を通りベクトル $\vec{v}=(2, -7)$ に平行な直線 l
☐ と直線 $x+y+1=0$ との交点を求めなさい.

方針 $(x, y)=(5, 4)+t(2, -7)$ を $x+y+1=0$ に代
入して, t の値を求める.

---

241 点 A(5, 4) を通りベクトル $\vec{n}=(3, 2)$ に垂直な直線 l
☐ の方程式を求めなさい.

方針 l 上の点を P(x, y) とし, $\vec{n}\cdot\overrightarrow{AP}=0$ となること
を利用する.

---

242 右の図で, 線分 PQ の中点
☐ を M とし, AM の延長と辺
BC との交点を N とすると
き, BN:CN を求めなさい.

方針 $\overrightarrow{AN}=s\overrightarrow{AB}+t\overrightarrow{AC}$
$(s+t=1)$
と表されることを利
用する.

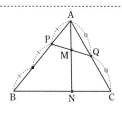

---

243 右の図において, AH:BH を求めな
☐ さい.

方針 $\overrightarrow{OH}=(1-t)\overrightarrow{OA}+t\overrightarrow{OB}$
が $\overrightarrow{AB}$ と垂直になるように t
の値を定める.

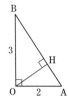

A N S W E R

240

l 上の点は $(x, y)=(5, 4)+t(2, -7)=(5+2t, 4-7t)$
と表される．これを $x+y+1=0$ に代入して
$$(5+2t)+(4-7t)+1=0 \text{ より } t=2$$
ゆえに，　$(9, -10)$

241

l 上の点を $P(x, y)$ とすると，$\vec{n} \perp \overrightarrow{AP}$ より $\vec{n} \cdot \overrightarrow{AP}=0$
$\overrightarrow{AP}=(x-5, y-4)$ であるから，$3(x-5)+2(y-4)=0$
ゆえに，　$3x+2y=23$

242

$$\overrightarrow{AM}=\frac{\overrightarrow{AP}+\overrightarrow{AQ}}{2}=\frac{1}{2}\left(\frac{1}{3}\overrightarrow{AB}+\frac{1}{2}\overrightarrow{AC}\right)=\frac{1}{6}\overrightarrow{AB}+\frac{1}{4}\overrightarrow{AC}$$

よって，$\overrightarrow{AN}=k\overrightarrow{AM}=\frac{1}{6}k\overrightarrow{AB}+\frac{1}{4}k\overrightarrow{AC}$

ところが，N は辺 BC 上の点であるから
$$\frac{1}{6}k+\frac{1}{4}k=1 \text{ より } k=\frac{12}{5}$$

したがって，$\overrightarrow{AN}=\frac{2}{5}\overrightarrow{AB}+\frac{3}{5}\overrightarrow{AC}=\frac{2\overrightarrow{AB}+3\overrightarrow{AC}}{5}$

ゆえに，BN : CN $=3 : 2$

243

AH : BH $=t : (1-t)$ とおくと
$$\overrightarrow{OH}=(1-t)\overrightarrow{OA}+t\overrightarrow{OB}$$
と表される．これを $\overrightarrow{AB} \cdot \overrightarrow{OH}=0$ に代入して
$$\overrightarrow{AB} \cdot \{(1-t)\overrightarrow{OA}+t\overrightarrow{OB}\}=0$$
$$(\overrightarrow{OB}-\overrightarrow{OA}) \cdot \{(1-t)\overrightarrow{OA}+t\overrightarrow{OB}\}=0$$
$\overrightarrow{OA} \cdot \overrightarrow{OB}=0$ に注意して
$$-(1-t)|\overrightarrow{OA}|^2+t|\overrightarrow{OB}|^2=0, \quad -(1-t) \cdot 2^2+t \cdot 3^2=0$$
$$t=\frac{4}{13}$$

ゆえに，AH : BH $=t : (1-t)=\frac{4}{13} : \frac{9}{13}=4 : 9$

9

ベクトル

63 ベクトルの図形への応用

244 平行四辺形 ABCD の 2 本の対角線の中点は一致することを，位置ベクトルを用いて証明しなさい．

方針 4 点 A, B, C, D の位置ベクトルを $\vec{a}$, $\vec{b}$, $\vec{c}$, $\vec{d}$ として，対角線の交点の位置ベクトルを計算する．

▶ $\overrightarrow{AD}=\overrightarrow{BC}$ より，$\vec{d}-\vec{a}=\vec{c}-\vec{b}$

245 三角形 ABC の各辺の中点を図のように L, M, N とするとき
$$\overrightarrow{AL}+\overrightarrow{BM}+\overrightarrow{CN}=\vec{0}$$
であることを証明しなさい．

方針 $\overrightarrow{AL}$, $\overrightarrow{BM}$, $\overrightarrow{CN}$ を $\overrightarrow{AB}$, $\overrightarrow{BC}$, $\overrightarrow{CA}$ で表す．

246 右の平行四辺形 ABCD において
$$AP : PC = 1 : 2$$
$$AQ : QD = 1 : 1$$
とするとき，3 点 B, P, Q は一直線上にあることを証明しなさい．

方針 $\overrightarrow{BP}$, $\overrightarrow{BQ}$ を計算して比較する．

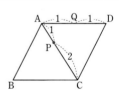

247 右の正方形 ABCD において，2 辺 AB, BC の中点をそれぞれ M, N とするとき，DM⊥AN であることを証明しなさい．

方針 $\overrightarrow{DM}\cdot\overrightarrow{AN}=0$ を示す．

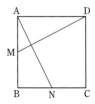

244

A, B, C, D の位置ベクトルをそれぞれ $\vec{a}$, $\vec{b}$, $\vec{c}$, $\vec{d}$ とすると

対角線 AC の中点の位置ベクトルは $\dfrac{\vec{a}+\vec{c}}{2}$

対角線 BD の中点の位置ベクトルは $\dfrac{\vec{b}+\vec{d}}{2}$

また，$\overrightarrow{AD}=\overrightarrow{BC}$ より $\vec{d}-\vec{a}=\vec{c}-\vec{b}$

よって，$\vec{b}+\vec{d}=\vec{a}+\vec{c}$

したがって，それぞれの対角線の中点の位置ベクトルは一致する．ゆえに，2 本の対角線の中点は一致する．

245

$$\overrightarrow{AL}+\overrightarrow{BM}+\overrightarrow{CN}=\frac{\overrightarrow{AB}+\overrightarrow{AC}}{2}+\frac{\overrightarrow{BC}+\overrightarrow{BA}}{2}+\frac{\overrightarrow{CB}+\overrightarrow{CA}}{2}$$

$$=\frac{1}{2}(\overrightarrow{AB}-\overrightarrow{CA}+\overrightarrow{BC}-\overrightarrow{AB}-\overrightarrow{BC}+\overrightarrow{CA})=\vec{0}$$

246

$\overrightarrow{BA}=\vec{a}$, $\overrightarrow{BC}=\vec{c}$ とおくと，$\overrightarrow{BP}=\dfrac{2\cdot\vec{a}+1\cdot\vec{c}}{1+2}=\dfrac{2\vec{a}+\vec{c}}{3}$

$$\overrightarrow{BQ}=\frac{\overrightarrow{BA}+\overrightarrow{BD}}{2}=\frac{\vec{a}+(\vec{a}+\vec{c})}{2}=\frac{2\vec{a}+\vec{c}}{2}$$

よって，$\overrightarrow{BQ}=\dfrac{3}{2}\overrightarrow{BP}$

ゆえに，3 点 B，P，Q は一直線上にある．

247

$\overrightarrow{AB}=\vec{b}$, $\overrightarrow{AD}=\vec{d}$ とおくと，$|\vec{b}|=|\vec{d}|$，$\vec{b}\cdot\vec{d}=0$

$\overrightarrow{DM}=\overrightarrow{AM}-\overrightarrow{AD}=\dfrac{1}{2}\vec{b}-\vec{d}$，$\overrightarrow{AN}=\overrightarrow{AB}+\overrightarrow{BN}=\vec{b}+\dfrac{1}{2}\vec{d}$

$$\overrightarrow{DM}\cdot\overrightarrow{AN}=\left(\frac{1}{2}\vec{b}-\vec{d}\right)\cdot\left(\vec{b}+\frac{1}{2}\vec{d}\right)$$

$$=\frac{1}{2}|\vec{b}|^2-\frac{3}{4}\vec{b}\cdot\vec{d}-\frac{1}{2}|\vec{d}|^2=0$$

ゆえに，　$DM\perp AN$

9

ベクトル

64 空間のベクトル

248 4つのベクトル $\vec{a}=(1,\ 2,\ 3)$, $\vec{b}=(2,\ -3,\ 1)$, $\vec{c}=(3,\ -1,\ 2)$, $\vec{d}=(5,\ -4,\ 9)$ について, $\vec{d}=p\vec{a}+q\vec{b}+r\vec{c}$ が成り立つとき, 実数 p, q, r の値を求めなさい.

249 空間に3点 A(3, 4, 5), B(4, 5, 3), C(5, 3, 4) がある.
(1) $\overrightarrow{AB}$, $\overrightarrow{AC}$ を成分で表しなさい.
(2) ∠BAC の大きさを求めなさい.

方針 $\cos\angle BAC = \dfrac{\overrightarrow{AB}\cdot\overrightarrow{AC}}{|\overrightarrow{AB}||\overrightarrow{AC}|}$

250 2点 A(2, 0, 4), B(−1, 6, 1) を通る直線上の点で, 原点に最も近いものの座標を求めなさい.

方針 直線 AB 上の点を, $(1-t)\overrightarrow{OA}+t\overrightarrow{OB}$ の形で表す.

▶ $|(1-t)\overrightarrow{OA}+t\overrightarrow{OB}|^2$ が t の2次関数になる.

251 空間の四面体 ABCD において, 4辺 AB, BC, CD, DA の中点を順に P, Q, R, S とするとき, 線分 PR の中点と線分 QS の中点は一致することを証明しなさい.

方針 $A(\vec{a})$, $B(\vec{b})$, $C(\vec{c})$, $D(\vec{d})$ として, 中点の位置ベクトルを計算する.

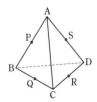

A N S W E R

248 $\begin{cases} p+2q+3r=5 \\ 2p-3q-r=-4 \\ 3p+q+2r=9 \end{cases}$ より，$p=3$，$q=4$，$r=-2$

249
(1) $\overrightarrow{AB}=(4,\ 5,\ 3)-(3,\ 4,\ 5)=(1,\ 1,\ -2)$
$\overrightarrow{AC}=(5,\ 3,\ 4)-(3,\ 4,\ 5)=(2,\ -1,\ -1)$

(2) $\cos \angle BAC=\dfrac{\overrightarrow{AB}\cdot\overrightarrow{AC}}{|\overrightarrow{AB}||\overrightarrow{AC}|}=\dfrac{3}{\sqrt{6}\cdot\sqrt{6}}=\dfrac{1}{2}$

ゆえに，$\angle BAC=\mathbf{60°}$ $\left(\angle BAC=\dfrac{\pi}{3}\right)$

---

250 直線 AB 上の点 P は $\overrightarrow{OP}=(1-t)\overrightarrow{OA}+t\overrightarrow{OB}$ と表される．
$|\overrightarrow{OP}|^2=(1-t)^2|\overrightarrow{OA}|^2+2t(1-t)\overrightarrow{OA}\cdot\overrightarrow{OB}+t^2|\overrightarrow{OB}|^2$
$=20(1-t)^2+4t(1-t)+38t^2$
$=54t^2-36t+20=54\left(t-\dfrac{1}{3}\right)^2+14$

よって，$|\overrightarrow{OP}|$ は $t=\dfrac{1}{3}$ のとき最小で，このとき

$\overrightarrow{OP}=\dfrac{2}{3}(2,\ 0,\ 4)+\dfrac{1}{3}(-1,\ 6,\ 1)=(1,\ 2,\ 3)$

ゆえに，$(1,\ 2,\ 3)$

---

251 $A(\vec{a})$，$B(\vec{b})$，$C(\vec{c})$，$D(\vec{d})$ とすると，P，Q，R，S の位置ベクトルはそれぞれ $\dfrac{\vec{a}+\vec{b}}{2}$，$\dfrac{\vec{b}+\vec{c}}{2}$，$\dfrac{\vec{c}+\vec{d}}{2}$，$\dfrac{\vec{d}+\vec{a}}{2}$

よって，線分 PR の中点の位置ベクトルは

$\dfrac{\dfrac{\vec{a}+\vec{b}}{2}+\dfrac{\vec{c}+\vec{d}}{2}}{2}=\dfrac{\vec{a}+\vec{b}+\vec{c}+\vec{d}}{4}$

線分 QS の中点の位置ベクトルは

$\dfrac{\dfrac{\vec{b}+\vec{c}}{2}+\dfrac{\vec{d}+\vec{a}}{2}}{2}=\dfrac{\vec{a}+\vec{b}+\vec{c}+\vec{d}}{4}$

ゆえに，それぞれの線分の中点は一致する．

9
ベクトル

必ず覚える公式

■ 複素数と方程式

解と係数の関係

$a \neq 0$ のとき，$ax^2 + bx + c = 0$ の解を α，β とすると

$$\alpha + \beta = -\frac{b}{a}, \quad \alpha\beta = \frac{c}{a}$$

■ 式と証明

相加平均 ≧ 相乗平均

$a \geq 0$，$b \geq 0$ のとき，$\quad \dfrac{a+b}{2} \geq \sqrt{ab}$

等号成立は，$a = b$ のときである．

■ 図形と方程式

垂直条件

$y = m_1 x + n_1$ と $y = m_2 x + n_2$ が垂直 $\Longleftrightarrow m_1 m_2 = -1$

■ 三角関数

加法定理

$\sin(\alpha + \beta) = \sin\alpha\cos\beta + \cos\alpha\sin\beta$

$\cos(\alpha + \beta) = \cos\alpha\cos\beta - \sin\alpha\sin\beta$

$\tan(\alpha + \beta) = \dfrac{\tan\alpha + \tan\beta}{1 - \tan\alpha\tan\beta}$

■ 対　数

対数の公式

$\log_a M + \log_a N = \log_a MN \qquad \log_a M^r = r\log_a M$

$\log_a M - \log_a N = \log_a \dfrac{M}{N} \qquad \log_a b = \dfrac{\log_c b}{\log_c a}$

■ 微　分

$(x^n)' = nx^{n-1}$

STANDARD EXERCISE II·B 86

MATHEMATICS

1 方程式，式と証明　標準問題

252 $(10.1)^6$ の小数第 1 位の数を求めなさい.

方針 $(10+0.1)^6$ と考えて，二項定理を用いる.

▶ $(10+0.1)^6 = 10^6 + {}_6C_1 \cdot 10^4 + {}_6C_2 \cdot 10^2 + {}_6C_3 + {}_6C_4 \cdot 0.1^2$
$\qquad + {}_6C_5 \cdot 0.1^4 + 0.1^6$

小数第 1 位を調べるので，10^6 や 0.1^6 などは全く関係ない.

---

253 $(x^2 - x + 1)^{10}$ を展開して整理し
$\qquad a_{20}x^{20} + a_{19}x^{19} + a_{18}x^{18} + \cdots + a_3x^3 + a_2x^2 + a_1x + a_0$
となったとする.

(1) x^3 の係数 a_3 を求めなさい.

(2) $a_{20} + a_{19} + a_{18} + \cdots + a_3 + a_2 + a_1 + a_0$ を求めなさい.

方針 $\{x^2 - (x-1)\}^{10}$ と考えて，二項定理を用いる.

▶(1) 3 次の項を調べるので，3 次以下の部分のみを調べればよい. 結局
$\qquad {}_{10}C_{10} \cdot (-1)^{10} \cdot (x-1)^{10} = (x-1)^{10}$
と
$\qquad {}_{10}C_9 \cdot (x^2)^1 \cdot (-1)^9 \cdot (x-1)^9 = -10x^2(x-1)^9$
の x^3 の項を計算すればよいことになる.

▶(2) x に適当な数値を代入する.

252

$10.1 = 10 + 0.1$

$(10.1)^6 = (10 + 0.1)^6$

$\quad = 10^6 + {}_6C_1 \cdot 10^5 \cdot 0.1 + {}_6C_2 \cdot 10^4 \cdot 0.1^2 + {}_6C_3 \cdot 10^3 \cdot 0.1^3$
$\qquad + {}_6C_4 \cdot 10^2 \cdot 0.1^4 + {}_6C_5 \cdot 10 \cdot 0.1^5 + 0.1^6$

$\quad = 10^6 + {}_6C_1 \cdot 10^4 + {}_6C_2 \cdot 10^2 + {}_6C_3$
$\qquad + {}_6C_4 \cdot 0.1^2 + {}_6C_5 \cdot 0.1^4 + 0.1^6$

この式の $10^6 + {}_6C_1 \cdot 10^4 + {}_6C_2 \cdot 10^2 + {}_6C_3$ の部分は整数であり，$(10.1)^6$ の小数第 1 位に影響を与えることはない．

また，$\quad {}_6C_4 \cdot 0.1^2 = 0.15$　……①

$\qquad {}_6C_5 \cdot 0.1^4 = 0.0006$

$\qquad\quad 0.1^6 = 0.000001$

結局，$(10.1)^6$ の小数第 1 位は①のみによって決定される．

ゆえに，$(10.1)^6$ の小数第 1 位の数は **1** である．

(参考)　$(10.1)^6 = 1061520.150601$

253

(1)　$(x^2 - x + 1)^{10} = \{x^2 - (x-1)\}^{10}$

$\qquad\qquad\qquad\quad = \sum_{r=0}^{10} {}_{10}C_r \cdot (x^2)^{10-r} \cdot (-1)^r \cdot (x-1)^r$

$r = 0,\ 1,\ 2,\ \cdots,\ 8$ のときの x の次数は 4 以上であるから，$r = 9,\ 10$ のときを調べればよい．

$r = 9$ のとき

$\quad {}_{10}C_9 \cdot (x^2)^1 \cdot (-1)^9 \cdot (x-1)^9 = -10x^2(x-1)^9$

$\quad x^3$ の項は，$(-10x^2) \cdot {}_9C_8 \cdot x \cdot (-1)^8 = -90x^3$

$r = 10$ のとき

$\quad {}_{10}C_{10} \cdot (-1)^{10} \cdot (x-1)^{10} = (x-1)^{10}$

$\quad x^3$ の項は，${}_{10}C_7 \cdot x^3 \cdot (-1)^7 = -120x^3$

ゆえに，$a_3 = (-90) + (-120) = \boldsymbol{-210}$

(2)　$(x^2 - x + 1)^{10} = a_{20}x^{20} + a_{19}x^{19} + a_{18}x^{10} + \cdots$
$\qquad\qquad\qquad\qquad + a_3x^3 + a_2x^2 + a_1x + a_0$

において，$x = 1$ を代入すると

$\quad (1^2 - 1 + 1)^{10} = a_{20} + a_{19} + a_{18} + \cdots + a_3 + a_2 + a_1 + a_0$

ゆえに，

$\quad a_{20} + a_{19} + a_{18} + \cdots + a_3 + a_2 + a_1 + a_0 = 1^{10} = \boldsymbol{1}$

254

3次式 $x^3 - ax + b$ が2次式 $(x+1)^2$ で割り切れるように，定数 a，b の値を定めなさい．

方針 割り算を実行し，余りが0となるようにする．

▶ 商を $x+c$ とおいて，展開して係数を比較してもよい．
（右ページの ［解3］）

★ $f(x) = x^3 - ax + b$ とおいて
$f(-1) = 0$ かつ $f'(-1) = 0$ から求めることもできる．
（右ページの ［解4］）

255

多項式 $f(x)$ を $x-1$ で割ると8余り，$x+2$ で割ると -1 余る．この $f(x)$ を $(x-1)(x+2)$ で割った余りを求めなさい．

方針 $f(x) = (x-1)(x+2)g(x) + (ax+b)$
とおいて，与えられた条件と剰余定理を用いる．

▶ $f(x)$ を2次式 $(x-1)(x+2)$ で割った余りは1次以下の多項式であるから，$ax+b$ と表せる．

254

[解 1] 右の割り算より，
割り切れるためには
$$-a+3=0 \quad \text{かつ} \quad b+2=0$$
ゆえに， $a=3, \ b=-2$

$$
\begin{array}{r}
1 \quad -2 \\
1 \ 2 \ 1 \overline{\smash{\big)}\ 1 \quad 0 \ -a \qquad b} \\
\underline{1 \quad 2 \quad 1} \\
-2 \ -a-1 \qquad b \\
\underline{-2 \quad -4 \ -2} \\
-a+3 \quad b+2
\end{array}
$$

[解 2] x^3-ax+b が $x+1$
で割り切れるので，因数定理より
$$-1+a+b=0$$
よって， $a=-b+1$ ……①
このとき，
$$
\begin{aligned}
x^3-ax+b &= x^3-(-b+1)x+b \\
&= (x^3-x)+b(x+1) \\
&= x(x+1)(x-1)+b(x+1) \\
&= (x+1)(x^2-x+b)
\end{aligned}
$$
さらに， x^2-x+b が $x+1$ で割り切れるので，
因数定理より， $1+1+b=0 \quad b=-2$
①に代入して， $a=3$

[解 3] 3次式が2次式で割り切れるとき，商は1次式で
ある．よって，最高次の係数も考慮して
$$x^3-ax+b=(x+1)^2(x+c)$$
とおくことができる．右辺を展開して
$$x^3-ax+b=x^3+(c+2)x^2+(2c+1)x+c$$
両辺の係数を比較して
$$0=c+2 \quad \text{かつ} \quad -a=2c+1 \quad \text{かつ} \quad b=c$$
ゆえに， $a=3, \ b=-2$

[解 4] $f(x)=x^3-ax+b$ とおくと， $f'(x)=3x^2-a$
$$f(-1)=-1+a+b=0 \quad \text{かつ} \quad f'(-1)=3-a=0$$
より
$$a=3, \ b=-2$$

255

$f(x)$ を $(x-1)(x+2)$ で割った商を $g(x)$，余りを $ax+b$
とおくと，商と余りの関係より
$$f(x)=(x-1)(x+2)g(x)+(ax+b)$$
条件より， $f(1)=8, \ f(-2)=-1$ であるから
$$
\begin{cases}
a+b=8 \\
-2a+b=-1
\end{cases}
$$
よって， $a=3, \ b=5$
ゆえに，求める余りは $3x+5$

1

方程式，式と証明　標準問題

256 次の2次方程式が実数解をもつように，実数の定数 k の値を定めなさい.

$$x^2+(5k+2i)x+(6-4i)=0$$

方針 実数解を α とおいて代入する.

▶ α を代入して，両辺の実数部分，虚数部分をそれぞれ比較する.

★ 係数に虚数が含まれているので，判別式を用いることはできない.

257 2次方程式 $x^2-16x+k=0$ の2つの解の比が $1:3$ であるとき，定数 k の値を求めなさい. また，2つの解を求めなさい.

方針 2つの解を α，3α とおいて，解と係数の関係を用いる.

▶ 2つの解を α, β とおいて $\beta=3\alpha$ としてもよいが，はじめから α, 3α とおくとよい.

256

実数解を α とおくと
$$\alpha^2+(5k+2i)\alpha+(6-4i)=0$$
$$(\alpha^2+5\alpha k+6)+(2\alpha-4)i=0$$
α, k は実数であるから
$$\begin{cases}\alpha^2+5\alpha k+6=0 & \cdots\cdots① \\ 2\alpha-4=0 & \cdots\cdots②\end{cases}$$
②より $\quad\alpha=2$
①に代入して
$$4+10k+6=0$$
ゆえに
$$k=-1$$

257

解の比が $1:3$ であるから, 2つの解を α, 3α とおくと, 解と係数の関係より
$$\begin{cases}\alpha+3\alpha=16 & \cdots\cdots① \\ \alpha\times 3\alpha=k & \cdots\cdots②\end{cases}$$
①より $\qquad\qquad \alpha=4$
②に代入して, $\qquad k=48$
2つの解は, $\qquad\qquad x=4,\ 12$

258 2次方程式
$$x^2 + ax + b = 0 \qquad \cdots\cdots ①$$
の2つの解にそれぞれ1を加えた2数が2次方程式
$$x^2 - ax + 2b = 0 \qquad \cdots\cdots ②$$
の2つの解になるという. 定数 a, b の値を求めなさい.

方針 ①の解を α, β とおくと, ②の解は $\alpha+1$, $\beta+1$ となる.

▶ ①, ②のそれぞれについて, 解と係数の関係を用いる.

★ ①の x を $x-1$ に変えた2次方程式
$$(x-1)^2 + a(x-1) + b = 0$$
が②と一致すると考えることもできる.

259 次の式を, 係数が
有理数の範囲, 実数の範囲, 複素数の範囲
において, それぞれ因数分解しなさい.
(1) $x^4 + 4x^2 - 45$
(2) $x^4 + 2x^3 + x^2 - 1$

方針 置き換えを利用したり, 2次方程式の解の公式を利用したりして因数分解する.

▶ $a > 0$ のとき
$$x^2 - a = (x - \sqrt{a})(x + \sqrt{a})$$
$$x^2 + a = (x - \sqrt{a}\,i)(x + \sqrt{a}\,i)$$

▶ 2次方程式 $ax^2 + bx + c = 0$ の解が α, β であるとき
$$ax^2 + bx + c = a(x - \alpha)(x - \beta)$$

258

①の解を α, β とおくと，解と係数の関係より
$$\begin{cases} \alpha+\beta=-a & \cdots\cdots③ \\ \alpha\beta=b & \cdots\cdots④ \end{cases}$$
②の解は $\alpha+1$, $\beta+1$ となるので，解と係数の関係より
$$\begin{cases} (\alpha+1)+(\beta+1)=a & \cdots\cdots⑤ \\ (\alpha+1)(\beta+1)=2b & \cdots\cdots⑥ \end{cases}$$
⑤より　　$(\alpha+\beta)+2=a$
これと③より　　$-a+2=a$
$$\boldsymbol{a=1} \qquad\qquad \cdots\cdots⑦$$
⑥より　　$\alpha\beta+(\alpha+\beta)+1=2b$
これと③，④，⑦より　　$b+(-1)+1=2b$
よって，　　$\boldsymbol{b=0}$

(参考)　$a=1$, $b=0$ のとき，①，②は次のようになる．
①は　　$x^2+x=0$, 　$x=-1$, 0
②は　　$x^2-x=0$, 　$x=0$, 1

259

(1)　$x^4+4x^2-45=(x^2)^2+4x^2-45$
$\qquad\qquad =(x^2-5)(x^2+9)$ 　　　　［有理数の範囲］
$\qquad\qquad =(x-\sqrt{5})(x+\sqrt{5})(x^2+9)$ 　　　　［実数の範囲］
$\qquad\qquad =(x-\sqrt{5})(x+\sqrt{5})(x-3i)(x+3i)$ 　［複素数の範囲］

(2)　$x^4+2x^3+x^2-1=(x^2+x)^2-1$
$\qquad\qquad\qquad\qquad =(x^2+x-1)(x^2+x+1)$

ここで，　$x^2+x-1=0$ より $x=\dfrac{-1\pm\sqrt{5}}{2}$

$\qquad\qquad x^2+x+1=0$ より $x=\dfrac{-1\pm\sqrt{3}\,i}{2}$

よって
$\quad x^4+2x^3+x^2-1$
$=(x^2+x-1)(x^2+x+1)$ 　　　　［有理数の範囲］
$=\left(x-\dfrac{-1+\sqrt{5}}{2}\right)\left(x-\dfrac{-1-\sqrt{5}}{2}\right)(x^2+x+1)$ ［実数の範囲］
$=\left(x-\dfrac{-1+\sqrt{5}}{2}\right)\left(x-\dfrac{-1-\sqrt{5}}{2}\right)$
$\qquad \times\left(x-\dfrac{-1+\sqrt{3}\,i}{2}\right)\left(x-\dfrac{-1-\sqrt{3}\,i}{2}\right)$ 　　［複素数の範囲］

260

3次方程式 $x^3+ax^2+bx+14=0$ が $x=2+\sqrt{3}\,i$ を解にもつように，実数の定数 a, b の値を定めなさい．

方針 方程式の係数がすべて実数であるから，$2+\sqrt{3}\,i$ が解であるならば，$2-\sqrt{3}\,i$ も解であることを利用する．

▶ さらに，第3の解を α とおいて，解と係数の関係を利用する．

> **3次方程式の解と係数の関係**
> $ax^3+bx^2+cx+d=0$ の解を α, β, γ とすると
> $\alpha+\beta+\gamma=-\dfrac{b}{a}$, $\alpha\beta+\beta\gamma+\gamma\alpha=\dfrac{c}{a}$, $\alpha\beta\gamma=-\dfrac{d}{a}$

★ 3次方程式に $2+\sqrt{3}\,i$ と $2-\sqrt{3}\,i$ を代入して，a, b の連立方程式を解いてもよい．

261

3次方程式 $x^3-3x^2+a=0$ が重解をもつように，定数 a の値を定めなさい．

方針 解を α, α, β とおいて，解と係数の関係を利用する．

★ $x^3-3x^2+a=(x-\alpha)^2(x-\beta)$

とおけるので，両辺の係数を比較してもよい．

★ 3次関数 $f(x)=x^3-3x^2+a$ について，

極大値が0または極小値が0

という考え方で解くこともできる．

★ $f'(x)=0$ の解が重解の候補である．

260
☐

方程式の係数はすべて実数であるから，$2+\sqrt{3}i$ が解ならば，$2-\sqrt{3}i$ も解である．

よって，第3の解を α とすると，解と係数の関係より

$$\begin{cases} (2+\sqrt{3}i)+(2-\sqrt{3}i)+\alpha=-a & \cdots\cdots① \\ (2+\sqrt{3}i)(2-\sqrt{3}i)+(2+\sqrt{3}i)\alpha+(2-\sqrt{3}i)\alpha=b & \cdots\cdots② \\ (2+\sqrt{3}i)(2-\sqrt{3}i)\alpha=-14 & \cdots\cdots③ \end{cases}$$

③より $\qquad\qquad 7\alpha=-14$

$\qquad\qquad\qquad\qquad \alpha=-2$

①に代入して $\qquad 4+(-2)=-a$

$\qquad\qquad\qquad\qquad \boldsymbol{a=-2}$

②に代入して $\qquad 7+4\times(-2)=b$

$\qquad\qquad\qquad\qquad \boldsymbol{b=-1}$

261
☐

重解を α，他の解を β とすると，与えられた方程式の3つの解は，α，α，β となるので，解と係数の関係より

$$\begin{cases} \alpha+\alpha+\beta=3 & \cdots\cdots① \\ \alpha^2+\alpha\beta+\alpha\beta=0 & \cdots\cdots② \\ \alpha^2\beta=-a & \cdots\cdots③ \end{cases}$$

①より $\qquad\qquad \beta=3-2\alpha \qquad\qquad \cdots\cdots④$

④を②に代入して $\qquad \alpha^2+2\alpha(3-2\alpha)=0$

$\qquad\qquad\qquad\qquad -3\alpha^2+6\alpha=0$

$\qquad\qquad\qquad\qquad -3\alpha(\alpha-2)=0$

$\qquad\qquad\qquad\qquad \alpha=0,\ 2$

$\alpha=0$ のとき

$\qquad$ ④に代入して $\qquad \beta=3$

$\qquad$ ③に代入して $\qquad a=0$

$\alpha=2$ のとき

$\qquad$ ④に代入して $\qquad \beta=-1$

$\qquad$ ③に代入して $\qquad a=4$

ゆえに，

$$\boldsymbol{a=0,\ 4}$$

262
□

2つの方程式
$$x^3 - x^2 - x - 2 = 0 \qquad \cdots\cdots①$$
$$x^2 - x + a = 0 \qquad \cdots\cdots②$$
が，ただ1つの共通解をもつように，実数の定数 a の値を定めなさい．

方針 まず，①の左辺を因数分解する．

▶①は解を求めることができる．

▶②の係数はすべて実数であるから，$p+qi$ が②の解ならば $p-qi$ も②の解となる．したがって，②の解は虚数解ではない．（共通解がただ1つという条件に反する．）

263
□

$x+y=1$ を満たすすべての実数 x, y について
$$ax^2 + bxy + cy^2 = 1$$
が成り立つように，定数 a, b, c の値を定めなさい．

方針 x, y の一方を消去して，両辺の係数を比較する．

▶$x+y=1$ より，x が決まれば，それに応じて y もただ1つに決まる．よって，代入によって y を消去して，x についての恒等式として扱う．

★条件を満たす特殊な x, y の値の組を代入して a, b, c を決定してもよいが，十分性の確認が必要．

262 ①より
$$(x-2)(x^2+x+1)=0$$
$$x=2, \quad \frac{-1\pm\sqrt{3}i}{2}$$

②の係数はすべて実数であるから
$$\frac{-1\pm\sqrt{3}i}{2}$$
の一方が②の解であるならば，他方も②の解になって，共通解がただ1つという条件に反する．
よって，共通解は2である．
②に代入して
$$4-2+a=0$$
$$\boldsymbol{a=-2}$$

(参考) $a=-2$ のとき，②は $x^2-x-2=0$ $(x+1)(x-2)=0$
$\quad x=-1$，2 となり条件を満たす．

---

263 [解1] $x+y=1$ より $\quad y=-x+1$

代入して
$$ax^2+bxy+cy^2=ax^2+bx(-x+1)+c(-x+1)^2$$
$$=(a-b+c)x^2+(b-2c)x+c$$

これがつねに右辺の1に等しいから
$$a-b+c=0, \quad b-2c=0, \quad c=1$$

ゆえに
$$\boldsymbol{a=1, \ b=2, \ c=1}$$

[解2] $x=1$，$y=0$ を代入して $\quad a=1$
$\quad x=0$，$y=1$ を代入して $\quad c=1$
$\quad x=2$，$y=-1$ を代入して $\quad 4a-2b+c=1$

よって，$a=1$，$b=2$，$c=1$
逆に，このとき
$$左辺=x^2+2xy+y^2=(x+y)^2=1$$
となり，題意を満たす．
ゆえに
$$\boldsymbol{a=1, \ b=2, \ c=1}$$

264

☐

実数 x, y, z が

$$x+\frac{1}{y}=1, \quad y+\frac{1}{z}=1$$

を満たすとき

$$z+\frac{1}{x}=1$$

が成り立つことを証明しなさい．

方針 結論の式に y が含まれていないので，はじめの2式から y を消去することを考える．

▶ $y=1-\dfrac{1}{z}$ を代入してもよいが，式の形が複雑になるので，$\dfrac{1}{y}=1-x$ と $y=1-\dfrac{1}{z}$ の辺々をかけるとよい．

★ 変形の途中で，等式の両辺をある文字で割るとき，その文字の値が0にはならないことを確認する必要がある．

- -

265

☐

x, y, z はいずれも0ではなく

$$\frac{x+y}{z}=\frac{y+z}{x}=\frac{z+x}{y}$$

を満たしているとき，この式の値を求めなさい．

方針 $=k$ とおいて分母を払い，3式を加える．

▶ $x+y+z \neq 0$, $x+y+z=0$ の2通りの場合について考察する必要がある．

264

$x+\dfrac{1}{y}=1$ より　　$\dfrac{1}{y}=1-x$

$y+\dfrac{1}{z}=1$ より　　$y=1-\dfrac{1}{z}$

辺々かけて

$$1=(1-x)\left(1-\dfrac{1}{z}\right)$$

両辺に z をかけて

$$z=(1-x)(z-1)$$
$$z=z-1-xz+x$$
$$xz+1=x$$

ここで, $x=0$ とすると $1=0$ となってしまうので, $x\neq0$ である.

したがって, この式の両辺を x で割って

$$z+\dfrac{1}{x}=1$$

265

$\dfrac{x+y}{z}=\dfrac{y+z}{x}=\dfrac{z+x}{y}=k$ とおくと

$$x+y=kz,\ \ y+z=kx,\ \ z+x=ky$$

これら 3 式を辺々加えて

$$2(x+y+z)=k(x+y+z)$$

$x+y+z\neq0$ のとき

$$k=2$$

$x+y+z=0$ のとき, $x+y=-z$ より

$$k=\dfrac{x+y}{z}=\dfrac{-z}{z}=-1$$

ゆえに

$$\boldsymbol{k=2,\ -1}$$

(参考)　与式の各辺に 1 を加えると

$$\dfrac{x+y}{z}+1=\dfrac{y+z}{x}+1=\dfrac{z+x}{y}+1$$

$$\dfrac{x+y+z}{z}=\dfrac{x+y+z}{x}=\dfrac{x+y+z}{y}$$

よって, $x+y+z\neq0$ のとき, $x=y=z\neq0$ となり, $k=2$ である.

$x+y+z=0$ のときは, 上の解のようになる.

266

実数 a, b について，次の不等式が成り立つことを証明しなさい．

(1) $|a|+|b| \geqq |a+b|$

(2) $|a|-|b| \leqq |a-b|$

方針 不等式の両辺がともに負でないときは，両辺の平方を比較する．

▶ $A \geqq 0$, $B \geqq 0$ のとき，$A \geqq B \Longleftrightarrow A^2 \geqq B^2$

▶ $|a|^2 = a^2$

▶ $A \leqq |A|$

▶ $|A| = A \Longleftrightarrow A \geqq 0$

★ (1)を利用して(2)を証明することもできる．

267

x がすべての実数値をとりながら変化するとき，次の関数の最小値を求めなさい．

$$f(x) = x^2 + \frac{9}{x^2+1}$$

方針 $x^2+1 = t$ とおく．

▶ 相加平均 $\geqq$ 相乗平均 が利用できるように変形する．

なお，等号の成立についての確認を忘れずに．

▶ 置きかえないで変形してもよい．

266

(1)　不等式の両辺とも負ではないので，両辺の平方を比較する．

$$(|a|+|b|)^2-|a+b|^2$$
$$=a^2+2|ab|+b^2-(a^2+2ab+b^2)$$
$$=2(|ab|-ab)\geqq0$$

ゆえに，　$|a|+|b|\geqq|a+b|$

等号が成り立つのは，$|ab|=ab$ のとき，

すなわち，$ab\geqq0$ のときである．

(2)　$|a|<|b|$ のとき，左辺 <0，右辺 $\geqq0$ であるから成り立つ．

$|a|\geqq|b|$ のとき，不等式の両辺とも負ではないので

$$|a-b|^2-(|a|-|b|)^2=a^2-2ab+b^2-(a^2-2|ab|+b^2)$$
$$=2(|ab|-ab)\geqq0$$

ゆえに，　$|a|-|b|\leqq|a-b|$

等号が成り立つのは，$|a|\geqq|b|$ かつ $|ab|=ab$ のとき，

すなわち，$0\leqq b\leqq a$ または $a\leqq b\leqq0$ のときである．

(参考)　(2)で，(1)を用いると

$$|a-b|+|b|\geqq|(a-b)+b|=|a|$$

ゆえに，　$|a-b|\geqq|a|-|b|$

等号が成り立つのは，$(a-b)\cdot b\geqq0$ のとき，

すなわち，$0\leqq b\leqq a$ または $a\leqq b\leqq0$ のときである．

- -

267

$x^2+1=t$ とおくと，$t>0$ であって

$$x^2=t-1$$

このとき，相加平均 $\geqq$ 相乗平均を利用して

$$f(x)=(t-1)+\frac{9}{t}=t+\frac{9}{t}-1\geqq2\sqrt{t\cdot\frac{9}{t}}-1=2\times3-1=5$$

等号が成り立つのは $t=\dfrac{9}{t}$ のとき，

すなわち，$t=3$ のときであるから，

$x^2+1=3$ より $x=\pm\sqrt{2}$ のときである．

ゆえに，$f(x)$ の最小値は

$$f(\pm\sqrt{2})=\mathbf{5}$$

2 図形と方程式 　　標 準 問 題

2

図形と方程式　標準問題

268
□

三角形 ABC の 3 辺 BC, CA, AB の中点がそれぞれ L(1, 3), M(7, 4), N(3, 8) であるとき, 3 点 A, B, C の座標を求めなさい.

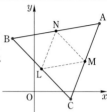

方針 A(a, b), B(c, d), C(e, f) とおいて, 連立方程式を立てる.

▶A(a, b), B(c, d) のとき, 線分 AB の中点の座標は

$$\left(\frac{a+c}{2}, \ \frac{b+d}{2}\right)$$

269
□

三角形 ABC の辺 BC の中点を M とするとき, 次の等式を証明しなさい.

$$AB^2 + AC^2 = 2(AM^2 + BM^2)$$

方針 座標軸を定め, 計算によって証明する.

▶中点 M を原点に, 直線 BC を x 軸に定めるとよい.

★頂点 A から辺 BC に垂線 AH を引き, 三平方の定理を適用して証明することもできる.

2

図形と方程式　標準問題

268

A(a, b), B(c, d), C(e, f) とおくと

$$\frac{c+e}{2}=1 \quad \cdots\cdots ①, \quad \frac{d+f}{2}=3 \quad \cdots\cdots ②$$

$$\frac{e+a}{2}=7 \quad \cdots\cdots ③, \quad \frac{f+b}{2}=4 \quad \cdots\cdots ④$$

$$\frac{a+c}{2}=3 \quad \cdots\cdots ⑤, \quad \frac{b+d}{2}=8 \quad \cdots\cdots ⑥$$

①+③+⑤より　$a+c+e=11$

これと①, ③, ⑤より

$$a=9, \quad c=-3, \quad e=5$$

②+④+⑥より　$b+d+f=15$

これと②, ④, ⑥より

$$b=9, \quad d=7, \quad f=-1$$

ゆえに

$$\mathbf{A(9, \ 9), \ B(-3, \ 7), \ C(5, \ -1)}$$

269

図のように座標軸を定め、
A(a, b), C$(c, 0)$ とすると、
B$(-c, 0)$ となる. このとき

$$AB^2=(a+c)^2+b^2$$
$$AC^2=(a-c)^2+b^2$$

よって

$$AB^2+AC^2$$
$$=a^2+2ac+c^2+b^2$$
$$\quad +a^2-2ac+c^2+b^2$$
$$=2(a^2+b^2+c^2)$$

また

$$AM^2=a^2+b^2$$
$$BM^2=c^2$$

であるから

$$AB^2+AC^2=2(AM^2+BM^2)$$

270
□

xy 平面上の直線

$$(2k+1)x-(3k-2)y-(9k+1)=0 \qquad \cdots\cdots ①$$

は定数 k の値にかかわらず定点を通る．その定点の座標を求めなさい．

> **方針** k について整理し，k についての恒等式と考える．

▶ $A+kB=0$ がすべての k について成り立つ
$\iff A=B=0$

271
□

2 直線

$$l: \ 3x+y-4=0$$
$$m: 2x-5y+1=0$$

の交点 A と点 B(2, 3) を通る直線の方程式を求めなさい．

> **方針** 交点 A を通る直線を
> $$(3x+y-4)+k(2x-5y+1)=0 \qquad \cdots\cdots (*)$$
> とおいて，さらに点 B を通るように k の値を定める．

▶ （*）を整理すると

$$(3+2k)x+(1-5k)y+(-4+k)=0$$

となり，$3+2k$ と $1-5k$ が同時に 0 になることはない．
よって，（*）は xy 平面上の直線を表す．
また，2 直線 l, m の交点 A の座標を $(\alpha, \ \beta)$ とおくと

$(\alpha, \ \beta)$ が l 上にあることから $3\alpha+\beta-4=0$
$(\alpha, \ \beta)$ が m 上にあることから $2\alpha-5\beta+1=0$

したがって，（*）に $x=\alpha$, $y=\beta$ を代入すると確かに成り立つ．すなわち，（*）は l, m の交点 A を通る直線を表している．

270

①を k について整理して

$$(x+2y-1)+k(2x-3y-9)=0$$

この式が k の値にかかわらず成り立つための必要十分条件は

$$\begin{cases} x+2y-1=0 & \cdots\cdots② \\ 2x-3y-9=0 & \cdots\cdots③ \end{cases}$$

②，③を解いて

$$x=3, \ y=-1$$

ゆえに，①は定点 $(3, \ -1)$ を通る.

271

2 直線 $l, \ m$ の交点 A を通る直線を

$$(3x+y-4)+k(2x-5y+1)=0$$

とおく．これに点 B の座標 $x=2, \ y=3$ を代入して

$$(6+3-4)+k(4-15+1)=0$$
$$5+k\times(-10)=0$$
$$k=\frac{1}{2}$$

よって

$$(3x+y-4)+\frac{1}{2}(2x-5y+1)=0$$
$$2(3x+y-4)+(2x-5y+1)=0$$
$$8x-3y-7=0$$

(参考) l と m との交点 A の座標は $\left(\dfrac{19}{17}, \ \dfrac{11}{17}\right)$ である.

(研究) $(3x+y-4)+k(2x-5y+1)=0$ は，l と m との交点を通る直線のうち

$$m:2x-5y+1=0 \ 以外のすべての直線$$

を表すことができる．しかし，点 B は m 上にはないので，上のような解答でよい.

2

図形と方程式　標準問題

272

3 点 A(3, 10), B(−1, 5), C(7, 6) を頂点とする三角形 ABC の面積 S を求めなさい.

方針 平行移動しても図形の面積は変わらない.

▶ 3 頂点の 1 つが原点になるように平行移動してから考える.

▶ 3 点 O(0, 0), P(x_1, y_1), Q(x_2, y_2) を頂点とする三角形の面積は

$$S = \frac{1}{2} |x_1 y_2 - x_2 y_1|$$

273

座標平面上に直線 $l : x + y = 3$ と 2 点 A(0, 5), B(4, 1) がある.

(1) l に関して点 B と対称な点 C の座標を求めなさい.

(2) l 上に点 P をとるとき, AP+BP の最小値を求めなさい.

方針 AP+BP の最小値は AC に等しい.

▶ 対称移動しても線分の長さは変わらないので, P が線分 AC と直線 l との交点に一致したとき, AP+BP が最小となる.

272

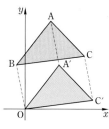

点 B が原点 O に移るように平行移動して，点 A が点 A′ に，点 C が点 C′ に移るとすると

A′(4, 5), C′(8, 1)

したがって，3 点 O(0, 0), A′(4, 5), C′(8, 1) を頂点とする三角形の面積が △ABC の面積に等しいので

$$S=\frac{1}{2}|4\times1-8\times5|=\mathbf{18}$$

---

273 (1) C(a, b) とおくと，

BC⊥l より

$$\frac{b-1}{a-4}\times(-1)=-1$$

よって

$$b=a-3 \qquad \cdots\cdots ①$$

また，線分 BC の中点

$$\left(\frac{a+4}{2},\ \frac{b+1}{2}\right)$$

が l 上にあることから

$$\frac{a+4}{2}+\frac{b+1}{2}=3$$

$$a+b=1 \qquad \cdots\cdots ②$$

①，②より $a=2$，$b=-1$

すなわち，　**C(2, −1)**

(2) l 上に任意の点 P をとると

$$AP+BP=AP+PC$$

いま，直線 AC と l との交点を P′ とおくと

$$AP+BP=AP+PC\geqq AP′+P′C=AC$$

となる．

したがって，AP+BP の最小値は

$$AC=\sqrt{2^2+6^2}=\mathbf{2\sqrt{10}}$$

274 $x^2+y^2+4x-6y=k$ が円を表すときの定数 k の値の範囲を求めなさい.

方針 $(x-a)^2+(y-b)^2=c$ の形に変形したとき，$c>0$ となることが必要十分である.

▶ $c=0$ なら 1 点，$c<0$ なら空集合になってしまう.

275 2 点 A(0, 2)，B(1, 1) を通り x 軸に接する円の方程式を求めなさい.

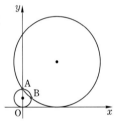

方針 x 軸に接するので，中心の y 座標の絶対値が半径に等しい.

▶ $(x-a)^2+(y-b)^2=b^2$

とおいて，A，B の座標を代入する.

▶ a，b の連立方程式を解く.

274

$$x^2+y^2+4x-6y=k$$
$$(x+2)^2+(y-3)^2=k+13$$

これが円を表すためには

$$k+13>0$$

ゆえに

$$k>-13$$

----

275 円の中心を (a, b) とすると，x 軸に接することから，半径は $|b|$ となる．

よって，求める円は

$$(x-a)^2+(y-b)^2=b^2 \qquad \cdots\cdots ①$$

とおくことができる．

これに，2点の座標を代入して

$$\begin{cases} (0-a)^2+(2-b)^2=b^2 & \cdots\cdots② \\ (1-a)^2+(1-b)^2=b^2 & \cdots\cdots③ \end{cases}$$

②より $\qquad a^2-4b+4=0 \qquad \cdots\cdots②'$

③より $\qquad a^2-2a-2b+2=0 \qquad \cdots\cdots③'$

②$'-③'$ より $\quad 2a-2b+2=0$

$$b=a+1 \qquad \cdots\cdots④$$

④を②$'$ に代入して

$$a^2-4(a+1)+4=0$$
$$a^2-4a=0$$
$$a=0, \ 4$$

$a=0$ のとき，④より $b=1$

①に代入して

$$x^2+(y-1)^2=1$$

$a=4$ のとき，④より $b=5$

①に代入して

$$(x-4)^2+(y-5)^2=25$$

276
□

円 $x^2+y^2=4$ と直線 $x+y=k$ との共有点の個数は，定数 k の値によってどのように変わるか答えなさい．

方針 点と直線との距離の公式
$$\frac{|ax_0+by_0+c|}{\sqrt{a^2+b^2}}$$
を利用する．

▶円の中心と直線との距離を求めて，半径と比較する．

★ 2つの式を連立させ，y を消去して x の2次方程式を導き，その判別式を利用して解くこともできる．

- -

277
□

円 $x^2+y^2=4$ と直線 $x+y=k$ とが異なる2点で交わり，その2交点の距離が2となった．定数 k の値を求めなさい．

方針 2交点の中点を M とするとき，円の中心と M との距離を考える．

▶AM＝1となるので
$$OM=\sqrt{2^2-1^2}=\sqrt{3}$$

▶円の中心 $(0,\ 0)$ と直線との距離が $\sqrt{3}$ となればよい．

276

円の中心 $(0, 0)$ と直線 $x+y-k=0$ との距離は

$$\frac{|0+0-k|}{\sqrt{1^2+1^2}}=\frac{|k|}{\sqrt{2}}$$

これと円の半径 2 とを比較して,
共有点が 2 個となるのは

$$\frac{|k|}{\sqrt{2}}<2 \Longleftrightarrow -2\sqrt{2}<k<2\sqrt{2}$$

共有点が 1 個となるのは

$$\frac{|k|}{\sqrt{2}}=2 \Longleftrightarrow k=\pm2\sqrt{2}$$

共有点がないのは

$$\frac{|k|}{\sqrt{2}}>2 \Longleftrightarrow k<-2\sqrt{2},\ 2\sqrt{2}<k$$

ゆえに

$$-2\sqrt{2}<k<2\sqrt{2}\ \text{のとき, 共有点は 2 個}$$
$$k=\pm2\sqrt{2}\ \text{のとき, 共有点は 1 個}$$
$$k<-2\sqrt{2},\ 2\sqrt{2}<k\ \text{のとき, 共有点はない}$$

277

2 交点を A, B とし, 線分 AB
の中点を M とすると

$$\begin{cases} \angle OMA=90° \\ AM=1 \end{cases}$$

また, OA=2 であるから

$$OM=\sqrt{2^2-1^2}=\sqrt{3}$$

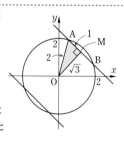

すなわち, 円の中心 O$(0, 0)$ と
直線 $x+y=k$ との距離が $\sqrt{3}$ と
なればよい.

よって, $\dfrac{|0+0-k|}{\sqrt{1^2+1^2}}=\sqrt{3}$

$$\frac{|k|}{\sqrt{2}}=\sqrt{3}$$

ゆえに

$$k=\pm\sqrt{6}$$

278 t がすべての実数値をとりながら変化するとき，次の2直線の交点の軌跡を求めなさい．

$$\begin{cases} y=t(x+4) & \cdots\cdots① \\ ty=-x+2 & \cdots\cdots② \end{cases}$$

方針 t を消去し，x，y の関係式を導く．

▶ ①または②から $t=\triangle$ を導き，それを他方の式に代入して t を消去する．

▶ $t=\triangle$ の式を導く際に，場合分けが必要になる．

▶ 求める軌跡は，円から1点を除いた図形になる．

---

279 放物線 $y=x^2$ の直交する2接線の交点の軌跡を求めなさい．

方針 2直線が直交するための条件は，傾きの積が -1

▶ 点 (a, b) を通り傾き m の直線の方程式を導き，それが放物線 $y=x^2$ と接すると考える．

▶ m についての2次方程式の解の積が -1 となる条件を求める．

★ 直線 $y=-\dfrac{1}{4}$ は放物線 $y=x^2$ の準線である．

278

$x=-4$ とすると，①より $y=0$ となるが，これは②を満たさないので，$x \neq -4$ である.

よって，①より $t=\dfrac{y}{x+4}$

これを②に代入して

$$\dfrac{y}{x+4} \times y = -x+2$$
$$y^2 = (x+4)(-x+2)$$
$$y^2 = -x^2-2x+8$$
$$x^2+y^2+2x=8$$
$$(x+1)^2+y^2=9$$

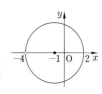

ゆえに，求める軌跡は点 $(-1,\ 0)$ を中心とする半径 3 の円のうち，1 点 $(-4,\ 0)$ を除いた図形である.

(参考)　①，②より　$t\begin{pmatrix} x+4 \\ y \end{pmatrix} = \begin{pmatrix} y \\ -x+2 \end{pmatrix}$

これを満たす実数 t が存在する条件は

$$\begin{pmatrix} x+4 \\ y \end{pmatrix} /\!/ \begin{pmatrix} y \\ -x+2 \end{pmatrix} \quad かつ \quad \begin{pmatrix} x+4 \\ y \end{pmatrix} \neq \vec{0}$$

すなわち，$(x+4)(-x+2)-y^2=0$　かつ
$(x,\ y) \neq (-4,\ 0)$

279

点 $(a,\ b)$ を通る傾き m の直線は

$$y-b=m(x-a)$$
$$y=mx-am+b \qquad \cdots\cdots ①$$

これと $y=x^2$ とを連立させて

$$x^2-mx+am-b=0$$

放物線 $y=x^2$ と直線①が接する条件は

$$D=(-m)^2-4(am-b)=0$$
$$m^2-4am+4b=0$$

この解が 2 本の接線の傾きであるが，2 接線が直交するので，それらの傾きの積は -1 である.

よって，解と係数の関係より

$$4b=-1$$
$$b=-\dfrac{1}{4}$$

ゆえに，求める軌跡は，直線 $y=-\dfrac{1}{4}$ である.

3 三角関数 　　　　　標 準 問 題

280 次の等式を証明しなさい.
$$\frac{\cos^2\theta-\sin^2\theta}{1+2\sin\theta\cos\theta}=\frac{1-\tan\theta}{1+\tan\theta}$$

方針 $1=\cos^2\theta+\sin^2\theta$ と考え，分子，分母をそれぞれ因数分解する.

▶ さらに，約分して整理する.

---

281 $\sin\theta\cos\theta=\dfrac{1}{4}$ のとき，次の値を求めなさい.

(1) $\tan\theta+\dfrac{1}{\tan\theta}$

(2) $\sin\theta+\cos\theta$

(3) $\sin\theta-\cos\theta$

方針 $\tan\theta=\dfrac{\sin\theta}{\cos\theta}$ を利用する.

▶(1) $\tan\theta$ を $\sin\theta$，$\cos\theta$ で表し，通分して計算する.

(2) $(\sin\theta+\cos\theta)^2$ を計算してみる.

(3) $(\sin\theta-\cos\theta)^2$ を計算してみる.

(参考) $\sin\theta\cos\theta=\dfrac{1}{4}$ より　$2\sin\theta\cos\theta=\dfrac{1}{2}$

よって，　　$\sin 2\theta=\dfrac{1}{2}$

$0\leqq\theta<2\pi$ とすると　$2\theta=\dfrac{\pi}{6},\ \dfrac{5}{6}\pi,\ \dfrac{13}{6}\pi,\ \dfrac{17}{6}\pi$

ゆえに，　　$\theta=\dfrac{\pi}{12},\ \dfrac{5}{12}\pi,\ \dfrac{13}{12}\pi,\ \dfrac{17}{12}\pi$

280

$$左辺 = \frac{\cos^2 \theta - \sin^2 \theta}{\cos^2 \theta + 2 \sin \theta \cos \theta + \sin^2 \theta}$$

$$= \frac{(\cos \theta + \sin \theta)(\cos \theta - \sin \theta)}{(\cos \theta + \sin \theta)^2}$$

$$= \frac{\cos \theta - \sin \theta}{\cos \theta + \sin \theta}$$

$$= \frac{1 - \dfrac{\sin \theta}{\cos \theta}}{1 + \dfrac{\sin \theta}{\cos \theta}}$$

$$= \frac{1 - \tan \theta}{1 + \tan \theta} = 右辺$$

281

(1) $\tan \theta + \dfrac{1}{\tan \theta} = \dfrac{\sin \theta}{\cos \theta} + \dfrac{\cos \theta}{\sin \theta}$

$$= \frac{\sin^2 \theta + \cos^2 \theta}{\sin \theta \cos \theta}$$

$$= 1 \div \frac{1}{4} = \boldsymbol{4}$$

(2) $(\sin \theta + \cos \theta)^2 = \sin^2 \theta + 2 \sin \theta \cos \theta + \cos^2 \theta$

$$= 1 + 2 \sin \theta \cos \theta$$

$$= 1 + 2 \times \frac{1}{4}$$

$$= \frac{3}{2}$$

よって，$\sin \theta + \cos \theta = \pm \sqrt{\dfrac{3}{2}} = \pm \dfrac{\boldsymbol{\sqrt{6}}}{\boldsymbol{2}}$

(3) $(\sin \theta - \cos \theta)^2 = 1 - 2 \sin \theta \cos \theta = 1 - 2 \times \dfrac{1}{4} = \dfrac{1}{2}$

よって，$\sin \theta - \cos \theta = \pm \dfrac{\boldsymbol{1}}{\boldsymbol{\sqrt{2}}}$

282 $0 \leqq x < 2\pi$ のとき，次の関数の最大値，最小値を求めなさい．

$$y = 2\cos^2 x - 2\sin x - 1$$

方針 $\cos^2 x = 1 - \sin^2 x$ を利用して，$\sin x$ のみの式になおして考える．

▶ $\sin x$ の2次関数として，平方完成する．

▶ $-1 \leqq \sin x \leqq 1$ であることに注意．

3
三角関数　標準問題

283 $0 \leqq x < 2\pi$ のとき，方程式

$$\cos x + \sin^2 x = a$$

が解をもつように，定数 a の値の範囲を定めなさい．

方針 $\sin^2 x = 1 - \cos^2 x$ を利用して，$\cos x$ のみの式になおして考える．

▶ 左辺を $\cos x$ の2次関数として扱い，値域を調べる．

▶ その値域に定数 a が含まれるようにすればよい．

282

$y=2\cos^2 x-2\sin x-1$
$\quad =2(1-\sin^2 x)-2\sin x-1$
$\quad =-2\sin^2 x-2\sin x+1$
$\quad =-2\left(\sin x+\dfrac{1}{2}\right)^2+\dfrac{3}{2}$

よって，右のグラフより

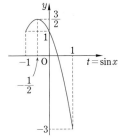

最大値 $\dfrac{3}{2}$

$\left(\sin x=-\dfrac{1}{2}\text{ のとき,}\right.$

すなわち $\left. x=\dfrac{7}{6}\pi,\ \dfrac{11}{6}\pi\text{ のとき}\right)$

最小値 -3

$\left(\sin x=1\text{ のとき,}\right.$

すなわち $\left. x=\dfrac{\pi}{2}\text{ のとき}\right)$

283

2つの関数

$$\begin{cases} y=\cos x+\sin^2 x \\ y=a \end{cases}$$

のグラフが共有点をもつような a の値の範囲を求める.

$y=\cos x+\sin^2 x$
$\quad =\cos x+(1-\cos^2 x)$
$\quad =-\cos^2 x+\cos x+1$
$\quad =-\left(\cos x-\dfrac{1}{2}\right)^2+\dfrac{5}{4}$

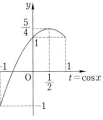

$-1\leqq\cos x\leqq1$ に注意してグラフ
をかくと，右のようになる.
よって，求める a の値の範囲は

$$-1\leqq a\leqq\dfrac{5}{4}$$

284

$\sin \alpha + \cos \beta = \dfrac{1}{2}$, $\cos \alpha + \sin \beta = -\dfrac{1}{4}$ のとき,

$\sin(\alpha + \beta)$ の値を求めなさい.

方針 与えられた 2 式をそれぞれ平方して加える.

▶ $\sin^2 \alpha + \cos^2 \alpha = 1$, $\sin^2 \beta + \cos^2 \beta = 1$ であるから, $\sin(\alpha + \beta)$ の値が定まる.

▶ $\sin(\alpha + \beta) = \sin \alpha \cos \beta + \cos \alpha \sin \beta$

285

$\sin^3 \theta$ を $\sin \theta$, $\sin 3\theta$ で表しなさい.

また, $\cos^3 \theta$ を $\cos \theta$, $\cos 3\theta$ で表しなさい.

方針 $\sin 3\theta = \sin(2\theta + \theta)$ と考えて加法定理を利用する.

▶ $\sin 3\theta$, $\cos 3\theta$ を計算し, それを利用して逆に $\sin^3 \theta$, $\cos^3 \theta$ を表すことを考える.

▶ $\sin(\alpha + \beta) = \sin \alpha \cos \beta + \cos \alpha \sin \beta$
$\cos(\alpha + \beta) = \cos \alpha \cos \beta - \sin \alpha \sin \beta$

284

$(\sin\alpha+\cos\beta)^2=\left(\dfrac{1}{2}\right)^2$ より

$$\sin^2\alpha+2\sin\alpha\cos\beta+\cos^2\beta=\dfrac{1}{4} \qquad \cdots\cdots①$$

$(\cos\alpha+\sin\beta)^2=\left(-\dfrac{1}{4}\right)^2$ より

$$\cos^2\alpha+2\cos\alpha\sin\beta+\sin^2\beta=\dfrac{1}{16} \qquad \cdots\cdots②$$

①，②を辺々加えて

$$1+2(\sin\alpha\cos\beta+\cos\alpha\sin\beta)+1=\dfrac{5}{16}$$

$$2\sin(\alpha+\beta)=-\dfrac{27}{16}$$

ゆえに

$$\sin(\alpha+\beta)=-\dfrac{27}{32}$$

285

$$\sin3\theta=\sin(2\theta+\theta)=\sin2\theta\cos\theta+\cos2\theta\sin\theta$$
$$=2\sin\theta\cos\theta\cdot\cos\theta+(1-2\sin^2\theta)\sin\theta$$
$$=2\sin\theta\cos^2\theta+(1-2\sin^2\theta)\sin\theta$$
$$=2\sin\theta(1-\sin^2\theta)+\sin\theta-2\sin^3\theta$$
$$=3\sin\theta-4\sin^3\theta$$

ゆえに， $$\sin^3\theta=\dfrac{3\sin\theta-\sin3\theta}{4}$$

$$\cos3\theta=\cos(2\theta+\theta)=\cos2\theta\cos\theta-\sin2\theta\sin\theta$$
$$=(2\cos^2\theta-1)\cos\theta-2\sin\theta\cos\theta\cdot\sin\theta$$
$$=(2\cos^2\theta-1)\cos\theta-2\cos\theta\sin^2\theta$$
$$=2\cos^3\theta-\cos\theta-2\cos\theta(1-\cos^2\theta)$$
$$=4\cos^3\theta-3\cos\theta$$

ゆえに， $$\cos^3\theta=\dfrac{3\cos\theta+\cos3\theta}{4}$$

286 $0 \leqq x < 2\pi$ のとき，次の関数の最大値，最小値を求めな
☐ さい．
$$f(x) = \cos 2x - \sin x + 1$$

方針 $\cos 2x = 1 - 2\sin^2 x$ を利用して，$\sin x$ のみの式
になおして考える．

287 $0 \leqq x < 2\pi$ のとき，次の関数の最大値，最小値を求めな
☐ さい．
$$f(x) = \sin^2 x + 2\sin x \cos x - \cos^2 x$$

方針 $f(x)$ を $\sin 2x$, $\cos 2x$ を用いて表し，合成する．

▶ $\sin x \cos x = \dfrac{1}{2}\sin 2x$

　　$\cos^2 x = \dfrac{1 + \cos 2x}{2}$

　　$\sin^2 x = \dfrac{1 - \cos 2x}{2}$

三角関数の合成

　　$a\sin\theta + b\cos\theta = \sqrt{a^2 + b^2}\sin(\theta + \alpha)$

　　ただし，$\cos\alpha = \dfrac{a}{\sqrt{a^2 + b^2}}$,

　　　　　　$\sin\alpha = \dfrac{b}{\sqrt{a^2 + b^2}}$

286

$f(x) = \cos 2x - \sin x + 1$
$\qquad = 1 - 2\sin^2 x - \sin x + 1$
$\qquad = -2\sin^2 x - \sin x + 2$
$\qquad = -2\left(\sin x + \dfrac{1}{4}\right)^2 + \dfrac{17}{8}$

ここで, $0 \leqq x < 2\pi$ より
$\qquad -1 \leqq \sin x \leqq 1$

ゆえに

$\qquad$ 最大値 $\quad \dfrac{17}{8}$

$\qquad$ 最小値 $\quad -1$

287

$f(x) = \sin^2 x + 2\sin x \cos x - \cos^2 x$
$\qquad = \dfrac{1 - \cos 2x}{2} + \sin 2x - \dfrac{1 + \cos 2x}{2}$
$\qquad = \sin 2x - \cos 2x$
$\qquad = \sqrt{2}\left(\sin 2x \cdot \dfrac{1}{\sqrt{2}} - \cos 2x \cdot \dfrac{1}{\sqrt{2}}\right)$
$\qquad = \sqrt{2}\left(\sin 2x \cos\dfrac{\pi}{4} - \cos 2x \sin\dfrac{\pi}{4}\right)$
$\qquad = \sqrt{2}\sin\left(2x - \dfrac{\pi}{4}\right)$

ここで, $0 \leqq x < 2\pi$ より
$\qquad -1 \leqq \sin\left(2x - \dfrac{\pi}{4}\right) \leqq 1$

ゆえに

$\qquad$ 最大値 $\quad \sqrt{2}$

$\qquad$ 最小値 $\quad -\sqrt{2}$

288

三角形 ABC において，次の等式を証明しなさい．
$$\tan A + \tan B + \tan C = \tan A \tan B \tan C$$

方針 $A + B + C = \pi$ より
$$C = \pi - (A + B)$$

▶ $\tan(\pi - \theta) = -\tan\theta$

▶ $\tan$ の加法定理 $\tan(A + B) = \dfrac{\tan A + \tan B}{1 - \tan A \tan B}$ を利用する．

289

三角形 ABC において，次の等式を証明しなさい．
$$\cos A + \cos B + \cos C = 1 + 4\sin\frac{A}{2}\sin\frac{B}{2}\sin\frac{C}{2}$$

方針 和 → 積 の公式を利用して変形する．

▶ $\cos A + \cos B = 2\cos\dfrac{A+B}{2}\cos\dfrac{A-B}{2}$

　$\cos A - \cos B = -2\sin\dfrac{A+B}{2}\sin\dfrac{A-B}{2}$

▶ $\cos\dfrac{A+B}{2} = \cos\dfrac{\pi-C}{2} = \cos\left(\dfrac{\pi}{2} - \dfrac{C}{2}\right) = \sin\dfrac{C}{2}$

▶ $\sin^2\dfrac{C}{2} = \sin\dfrac{C}{2}\sin\dfrac{C}{2} = \sin\dfrac{C}{2}\cos\dfrac{A+B}{2}$

288

$A+B+C=\pi$ より，$C=\pi-(A+B)$

よって

$$\tan C = \tan\{\pi-(A+B)\}$$
$$= -\tan(A+B)$$
$$= -\frac{\tan A+\tan B}{1-\tan A \tan B}$$

分母を払って

$$\tan C-\tan A \tan B \tan C=-(\tan A+\tan B)$$

ゆえに

$$\tan A+\tan B+\tan C=\tan A \tan B \tan C$$

289

$$\cos A+\cos B=2\cos\frac{A+B}{2}\cos\frac{A-B}{2} \quad\cdots\cdots①$$

$$\cos C=1-2\sin^2\frac{C}{2} \quad\cdots\cdots②$$

ここで，$\cos\dfrac{A+B}{2}=\cos\dfrac{\pi-C}{2}=\cos\left(\dfrac{\pi}{2}-\dfrac{C}{2}\right)=\sin\dfrac{C}{2}$

これを①，②にそれぞれ適用して

$$\cos A+\cos B=2\sin\frac{C}{2}\cos\frac{A-B}{2}$$

$$\cos C=1-2\sin\frac{C}{2}\sin\frac{C}{2}=1-2\sin\frac{C}{2}\cdot\cos\frac{A+B}{2}$$

これら2式を加えて

$$\cos A+\cos B+\cos C$$
$$=1-2\sin\frac{C}{2}\cdot\left(\cos\frac{A+B}{2}-\cos\frac{A-B}{2}\right)$$

ここで，$\cos\dfrac{A+B}{2}\quad\cos\dfrac{A-B}{2}=\ 2\sin\dfrac{A}{2}\sin\dfrac{B}{2}$

ゆえに

$$\cos A+\cos B+\cos C=1-2\sin\frac{C}{2}\cdot\left(-2\sin\frac{A}{2}\sin\frac{B}{2}\right)$$
$$=1+4\sin\frac{A}{2}\sin\frac{B}{2}\sin\frac{C}{2}$$

4 指数関数・対数関数 標準問題

290 $2^x+2^{-x}=5$ のとき，次の式の値を求めなさい．

(1) 4^x+4^{-x}

(2) 8^x+8^{-x}

方針 x の値を求めるのではなく，工夫して計算する．

▶ $2^{-x}=\dfrac{1}{2^x}$ であるから，$2^{-x}\times 2^x=1$

▶ $\left(t+\dfrac{1}{t}\right)^2=t^2+2+\dfrac{1}{t^2}$

$\left(t+\dfrac{1}{t}\right)^3=t^3+3t+\dfrac{3}{t}+\dfrac{1}{t^3}$

- -

291 $1\leqq x\leqq 3$ のとき，次の関数の最大値，最小値を求めなさい．

$$y=4^x-3\cdot 2^{x+1}+5$$

方針 $2^x=t$ とおいて，t の関数として扱う．

▶ $2^{x+1}=2^x\cdot 2^1=t\cdot 2=2t$

$4^x=(2^2)^x=2^{2x}=(2^x)^2=t^2$

▶ $2^x=t>0$ であるが，$1\leqq x\leqq 3$ より $2\leqq t\leqq 8$

▶ t について，平方完成する．

A　N　S　W　E　R

290

(1)
$$(2^x+2^{-x})^2=(2^x)^2+2\cdot2^x\cdot2^{-x}+(2^{-x})^2$$
$$=2^{2x}+2\cdot1+2^{-2x}$$
$$=4^x+2+4^{-x}$$

ゆえに
$$4^x+4^{-x}=(2^x+2^{-x})^2-2$$
$$=5^2-2$$
$$=\boldsymbol{23}$$

(2)　$(2^x+2^{-x})^3=(2^x)^3+3\cdot(2^x)^2\cdot2^{-x}+3\cdot2^x\cdot(2^{-x})^2+(2^{-x})^3$
$$=2^{3x}+3\cdot2^{2x}\cdot2^{-x}+3\cdot2^x\cdot2^{-2x}+2^{-3x}$$
$$=8^x+3\cdot2^x+3\cdot2^{-x}+8^{-x}$$

ゆえに
$$8^x+8^{-x}=(2^x+2^{-x})^3-3(2^x+2^{-x})$$
$$=5^3-3\times5$$
$$=\boldsymbol{110}$$

291

$2^x=t$ とおくと
$$4^x=(2^2)^x=2^{2x}=(2^x)^2=t^2$$
$$2^{x+1}=2\cdot2^x=2t$$

よって
$$y=t^2-3\cdot2t+5$$
$$=t^2-6t+5$$
$$=(t-3)^2-4$$

ここで，$1\leqq x\leqq3$ より
$$2\leqq t\leqq8$$

ゆえに

最大値 $(8-3)^2-4=\boldsymbol{21}$
　　（$t=8$ すなわち，$x=3$ のとき）

最小値 $(3-3)^2-4=\boldsymbol{-4}$
　　（$t=3$ より $2^x=3$
　　よって，$x=\log_2 3$ のとき）

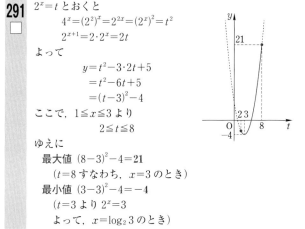

292
□

次の計算をしなさい.
$$(\log_4 3 + \log_8 3)(\log_3 4 + \log_9 16)$$

方針 まず,底をそろえてから計算する.

▶ $\log_a b = \dfrac{\log_c b}{\log_c a}$ を利用する.

▶ $\log_b a = \dfrac{1}{\log_a b}$

293
□

$2^x = 3^y = 6^z$ のとき,次の等式が成り立つことを証明しなさい.ただし,$xyz \neq 0$ とする.

$$\frac{1}{x} + \frac{1}{y} = \frac{1}{z}$$

方針 $2^x = 3^y = 6^z = k$ とおいて,x, y, z を k を用いて表す.

▶ 底は 2 でも 10 でもよい.

▶ 底を k にして計算すると速い.

292

$$\log_4 3 = \frac{\log_2 3}{\log_2 4} = \frac{\log_2 3}{2} = \frac{1}{2}\log_2 3$$

$$\log_8 3 = \frac{\log_2 3}{\log_2 8} = \frac{\log_2 3}{3} = \frac{1}{3}\log_2 3$$

$$\log_3 4 = \log_3 2^2 = 2\log_3 2$$

$$\log_9 16 = \frac{\log_3 16}{\log_3 9} = \frac{4\log_3 2}{2} = 2\log_3 2$$

よって

$$与式 = \left(\frac{1}{2}\log_2 3 + \frac{1}{3}\log_2 3\right)(2\log_3 2 + 2\log_3 2)$$

$$= \frac{5}{6}\log_2 3 \times 4\log_3 2$$

$$= \frac{10}{3}\log_2 3 \times \frac{\log_2 2}{\log_2 3} = \mathbf{\frac{10}{3}}$$

（参考）　はじめから底をすべて 2 にそろえて計算しても よい.

- -

293

$2^x = 3^y = 6^z = k$ とおくと，$xyz \neq 0$ より

$$k > 0, \quad k \neq 1$$

よって，k を底とする対数をとると

$$\log_k 2^x = \log_k 3^y = \log_k 6^z = 1$$

$$x\log_k 2 = y\log_k 3 = z\log_k 6 = 1$$

したがって

$$x = \frac{1}{\log_k 2}, \quad y = \frac{1}{\log_k 3}, \quad z = \frac{1}{\log_k 6}$$

ゆえに

$$\frac{1}{x} + \frac{1}{y} = \log_k 2 + \log_k 3$$

$$= \log_k 6$$

$$= \frac{1}{z}$$

294

次の不等式を解きなさい.
$$2 \log_3 x - 4 \log_x 27 \leqq 5$$

方針 $\log_3 x = X$ と置きかえてから変形する.

▶ まず, 真数>0, 底>0, 底≒1 を確認する.

▶ 次に, 底を3にそろえて, $\log_3 x = X$ と置きかえる.

▶ $\dfrac{(X-4)(2X+3)}{X} \leqq 0 \iff X(X-4)(2X+3) \leqq 0$

かつ $X \neq 0$

▶ $a>1$ のとき, $\quad p < \log_a x < q$ より $a^p < x < a^q$
$0<a<1$ のとき, $\quad p < \log_a x < q$ より $a^p > x > a^q$

- -

295

$x>0,\ y>0,\ x+y=6$ のとき, $\log_{10} x + \log_{10} y$ の最大値を求めなさい.

方針 $\log_{10} x + \log_{10} y = \log_{10} xy$ より, xy の最大値について考えればよい.

▶ $x+y=6$ より $x,\ y$ の一方を消去する.

▶ y を消去すると, x の2次関数になる.
ただし, $0<x<6$

★ $x>0,\ y>0$ であるから, 相加平均≧相乗平均 を利用してもよい.

294

真数 >0, 底 >0, 底 $\neq 1$ より
$$0<x<1, \quad 1<x \qquad \cdots\cdots ①$$

与式より, $\quad 2\log_3 x - 4\cdot\dfrac{\log_3 27}{\log_3 x} \leqq 5$

$\log_3 x = X$ とおくと
$$2X - \frac{12}{X} \leqq 5 \qquad \cdots\cdots(*)$$
$$\frac{2X^2 - 5X - 12}{X} \leqq 0$$
$$\frac{(X-4)(2X+3)}{X} \leqq 0$$

両辺に X^2 をかけて
$$X(X-4)(2X+3) \leqq 0 \quad かつ \quad X \neq 0$$

したがって $\quad X \leqq -\dfrac{3}{2}, \quad 0 < X \leqq 4$

すなわち, $\quad \log_3 x \leqq -\dfrac{3}{2}, \quad 0 < \log_3 x \leqq 4$

$$x \leqq \frac{\sqrt{3}}{9}, \quad 1 < x \leqq 81 \qquad \cdots\cdots②$$

①, ②より $\quad 0 < x \leqq \dfrac{\sqrt{3}}{9}, \quad 1 < x \leqq 81$

(注意) $(*)$ において, 安易に分母を払ってはいけない.
X の正負が不明であるからである.

295
$$\log_{10} x + \log_{10} y = \log_{10} xy$$
ここで, $x+y=6$ より $\quad y=6-x$
$$\begin{aligned}xy &= x(6-x)\\&= -x^2 + 6x\\&= -(x-3)^2 + 9\end{aligned}$$
底が 1 より大きいから, xy が増加すれば $\log_{10} xy$ も増加する.

$x>0$, $y>0$ より $0<x<6$ であるから, xy は $x=3$ のとき最大で, 最大値は 9 である.

ゆえに, $\log_{10} x + \log_{10} y$ の最大値は
$$\log_{10} 9 = \mathbf{2\log_{10} 3} \quad (x=3, \ y=3 \text{ のとき})$$

296 あるガラス板は，光が通過するとき，1枚につき光の90%を通過させ，10%を吸収する．通過する光の量を50%以下にするためには，このガラス板を少なくとも何枚重ねる必要があるか答えなさい．

ただし，$\log_{10} 2 = 0.3010$，$\log_{10} 3 = 0.4771$ とする．

方針 ガラス板を n 枚重ねるとして，n を含む不等式をつくる．

▶10 を底とする対数をとって，n の範囲を定める．

297 対数表や電卓などを用いずに，次の不等式を証明しなさい．

$$0.3 < \log_{10} 2 < 0.4$$

方針 同値変形を繰り返して，より証明しやすい不等式を導いておく．

▶対数の定義にもとづいて，log を含まない式を導く．

▶$0 < A < B \Longleftrightarrow \log_{10} A < \log_{10} B$

296

n 枚のガラス板を重ねるとすると，条件より

$$\left(\frac{90}{100}\right)^n \leqq \frac{50}{100}$$

$$\left(\frac{9}{10}\right)^n \leqq \frac{1}{2}$$

10 を底とする対数をとると

$$\log_{10}\left(\frac{9}{10}\right)^n \leqq \log_{10}\frac{1}{2}$$

$$n\log_{10}\frac{3^2}{10} \leqq \log_{10} 2^{-1}$$

$$n(2\log_{10} 3-1) \leqq -\log_{10} 2$$

$2\log_{10} 3-1<0$ であるから，両辺に -1 をかけて

$$n(1-2\log_{10} 3) \geqq \log_{10} 2$$

$$n \geqq \frac{\log_{10} 2}{1-2\log_{10} 3}=\frac{0.3010}{0.0458}=6.5\cdots$$

ゆえに，少なくとも 7 枚 重ねる必要がある.

297

$$0.3<\log_{10} 2<0.4 \iff 3<10\log_{10} 2<4$$
$$\iff 3<\log_{10} 2^{10}<4$$
$$\iff 10^3<2^{10}<10^4$$

すなわち，$10^3<2^{10}<10^4$ を証明すればよい.
ここで

$$10^3=1000$$
$$2^{10}=1024$$
$$10^4=10000$$

よって，$10^3<2^{10}<10^4$ が成り立つので

$$0.3<\log_{10} 2<0.4$$

も成り立つ.

5 微 分　　　　　　　　標 準 問 題

298
関数 $f(x)=x^3+ax^2+bx+c$ は
$$f(1)=3,\quad f'(1)=-1,\quad f'(2)=4$$
を満たすという.$a,\ b,\ c$ の値を求めなさい.

方針 $f(x),\ f'(x)$ に $x=1,\ 2$ を代入して,$a,\ b,\ c$ の連立方程式を解く.

299
関数 $y=x^3-3x^2+5$ のグラフの接線で,点 $(-1,\ 9)$ を通るものをすべて求めなさい.

方針 接点の x 座標を t とおく.

▶ グラフ上の点 $(t,\ t^3-3t^2+5)$ における接線の方程式を求め,それが点 $(-1,\ 9)$ を通るように t の値を定める.

〔公式〕 $y=f(x)$ のグラフ上の点 $(t,\ f(t))$ における
接線の方程式は
$$y-f(t)=f'(t)(x-t)$$

298

$f(x)=x^3+ax^2+bx+c$ より
$$f'(x)=3x^2+2ax+b$$
$f(1)=3$ より $1+a+b+c=3$
$$a+b+c=2 \qquad\qquad \cdots\cdots①$$
$f'(1)=-1$ より $3+2a+b=-1$
$$2a+b=-4 \qquad\qquad \cdots\cdots②$$
$f'(2)=4$ より $12+4a+b=4$
$$4a+b=-8 \qquad\qquad \cdots\cdots③$$
①, ②, ③を連立させて
$$a=-2, \ \ b=0, \ \ c=4$$
(参考) $f(x)=x^3-2x^2+4$
$$f'(x)=3x^2-4x$$
　　は, 与えられた条件をすべて満たしている.

299

$y=x^3-3x^2+5$ より $y'=3x^2-6x$
このグラフ上の点 $(t, \ t^3-3t^2+5)$ における接線は
$$y-(t^3-3t^2+5)=(3t^2-6t)(x-t)$$
$$y=(3t^2-6t)x+(-2t^3+3t^2+5) \qquad \cdots\cdots(*)$$
これが点 $(-1, \ 9)$ を通るので
$$9=(3t^2-6t)\times(-1)+(-2t^3+3t^2+5)$$
$$2t^3-6t+4=0$$
$$t^3-3t+2=0$$
$$(t-1)(t^2+t-2)=0$$
$$(t-1)^2(t+2)=0$$
$$t=1, \ -2$$
これらを $(*)$ に代入して
$t=1$ のとき
$$y=-3x+6$$
$t=-2$ のとき
$$y=24x+33$$

300

関数 $f(x)=x^3+ax^2+6x$ が単調増加であるように,定数 a の値の範囲を定めなさい.

方針 すべての x について, $f'(x)\geqq 0$ となるような a についての条件を求める.

▶ $f'(x)=0$ は2次方程式であり,その判別式 D について, $D\leqq 0$ となる a の範囲を求める.

301

関数 $f(x)=-x^3+ax^2+5x+4$ が区間 $0\leqq x\leqq 1$ で増加するように,定数 a の値の範囲を定めなさい.

方針 $0\leqq x\leqq 1$ において, $f'(x)\geqq 0$ となるように a の値の範囲を定める.

▶ $f'(x)$ は x の2次関数で, $y=f'(x)$ のグラフは上に凸である.したがって
$$f'(0)\geqq 0,\quad f'(1)\geqq 0$$
が成り立てばよい.

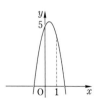

300

$$f'(x)=3x^2+2ax+6$$

つねに $f'(x)≧0$ であるための条件は，x の2次方程式 $f'(x)=0$ の判別式 D が0以下であることである．

$$\frac{D}{4}=a^2-18≦0$$

$$a^2≦18$$

ゆえに

$$-3\sqrt{2}≦a≦3\sqrt{2}$$

(参考) たとえば，$a=3\sqrt{2}$ のとき

$$f(x)=x^3+3\sqrt{2}x^2+6x$$
$$f'(x)=3x^2+6\sqrt{2}x+6$$
$$=3(x^2+2\sqrt{2}x+2)$$
$$=3(x+\sqrt{2})^2$$

x	$\cdots$	$-\sqrt{2}$	$\cdots$
$f'(x)$	+	0	+
$f(x)$	↗		↗

関数 $f(x)$ の増減は上の表のようになり，関数 $f(x)$ は増加関数である．

- -

301

$$f'(x)=-3x^2+2ax+5$$

$f'(x)$ は x の2次関数であり，x^2 の係数が負であるから，$y=f'(x)$ のグラフは上に凸の放物線になる．

また

$$f'(0)=5>0$$

であるから，区間 $0≦x≦1$ において

$$f'(x)≧0$$

であるための条件は

$$f'(1)≧0$$

が成り立つことである．

すなわち

$$-3+2a+5≧0$$

ゆえに

$$a≧-1$$

302 関数 $f(x)=x^3-3x^2-3x$ の極値を求めなさい.

方針 $f(x)$ を $f'(x)$ で割った余りを利用する.

▶ $f'(x)=0$ の解を $f(x)$ に代入すればよいのであるが, 計算が複雑になる. そこで, その代わりに3次式 $f(x)$ を2次式 $f'(x)$ で割った余りの1次式に, $f'(x)=0$ の解を代入して求める.
なお, $f'(x)$ で割る代わりにその定数倍 $af'(x)$ で割ってもよい.

5
微
分
標準問題

303 $x=1$ で極小値2をとり, $x=3$ で極大値6をとるような3次関数 $f(x)$ を求めなさい.

方針 $f(x)=ax^3+bx^2+cx+d$
とおく.

▶ $f(x)$, $f'(x)$ の条件を導き, a, b, c, d の連立方程式を解く.

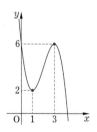

302

$f'(x)=3x^2-6x-3=3(x^2-2x-1)=0$ より
$$x=1\pm\sqrt{2}$$

増減表をかくと

x	$\cdots$	$1-\sqrt{2}$	$\cdots$	$1+\sqrt{2}$	$\cdots$
$f'(x)$	$+$	0	$-$	0	$+$
$f(x)$	↗	極大	↘	極小	↗

ここで $f(x)$ を
x^2-2x-1 で割ると

$$
\begin{array}{r}
1 \quad -1 \\
x^2-2x-1\overline{)1\quad-3\quad-3\quad0} \\
\underline{1\quad-2\quad-1} \\
-1\quad-2\quad0 \\
\underline{-1\quad2\quad1} \\
-4\quad-1
\end{array}
$$

右の割り算より
$$f(x)=(x^2-2x-1)(x-1)+(-4x-1)$$
$x=1\pm\sqrt{2}$ のとき，$x^2-2x-1=0$ であることに注意して
$$極大値\ f(1-\sqrt{2})=-4(1-\sqrt{2})-1=\boldsymbol{-5+4\sqrt{2}}$$
$$極小値\ f(1+\sqrt{2})=-4(1+\sqrt{2})-1=\boldsymbol{-5-4\sqrt{2}}$$

303

$f(x)=ax^3+bx^2+cx+d$ とおくと
$$f'(x)=3ax^2+2bx+c$$
$f'(1)=0$ より　　$3a+2b+c=0$
$f'(3)=0$ より　　$27a+6b+c=0$
$f(1)=2$ より　　$a+b+c+d=2$
$f(3)=6$ より　　$27a+9b+3c+d=6$
これらを連立させて
$$a=-1,\ b=6,\ c=-9,\ d=6$$
ゆえに，　　$f(x)=\boldsymbol{-x^3+6x^2-9x+6}$
(参考)　$f'(x)=-3x^2+12x-9$
$$=-3(x^2-4x+3)$$
$$=-3(x-1)(x-3)$$

x	$\cdots$	1	$\cdots$	3	$\cdots$
$f'(x)$	$-$	0	$+$	0	$-$
$f(x)$	↘	2	↗	6	↘

関数 $f(x)$ の増減は上の表のようになり，確かに与えられた条件をすべて満たしている.

304 右図のように，AB＝2a の半円に内接する直角三角形 APH を直径 AB のまわりに 1 回転してできる円錐の体積の最大値を求めなさい．

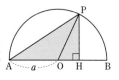

方針 変数を上手に定め，体積をその変数の関数として表す．

▶ 微分して，最大値を求める．

▶ 変数の変域に注意する．

x	0	$\cdots$	$\dfrac{4}{3}a$	$\cdots$	$2a$
V'	0	+	0	−	
V		↗		↘	

5
微
分
標準問題

---

305 関数 $f(x)=2x^3-3ax^2+2$ の区間 $0\leqq x\leqq 1$ における最小値を求めなさい．

方針 $f'(x)=0$ の解が $0\leqq x\leqq 1$ に含まれるかどうかで場合分けして考える．

▶ $f'(x)=0$ となる x の値は 0 および a となるので，次の 3 つの場合に分けて考える．

(ア) $a<0$ (イ) $0\leqq a\leqq 1$ (ウ) $1<a$

304

AH$=x$ とおくと，$0<x<2a$ で

OH$=|x-a|$

PH$=\sqrt{\text{OP}^2-\text{OH}^2}=\sqrt{a^2-(x-a)^2}=\sqrt{-x^2+2ax}$

円錐の体積を V とすると

$$V=\frac{1}{3}\cdot\pi\cdot\text{PH}^2\cdot\text{AH}=\frac{\pi}{3}(-x^2+2ax)\cdot x$$

$$=\frac{\pi}{3}(-x^3+2ax^2)$$

$$\frac{dV}{dx}=\frac{\pi}{3}(-3x^2+4ax)=\frac{\pi}{3}\cdot\{-x(3x-4a)\}$$

よって，$x=\dfrac{4}{3}a$ のとき V は最大となり，最大値は

$$\frac{\pi}{3}\cdot\left\{-\left(\frac{4}{3}a\right)^3+2a\cdot\left(\frac{4}{3}a\right)^2\right\}=\boldsymbol{\frac{32}{81}\pi a^3}$$

(参考) $\angle\text{PAH}=\theta$ $\left(0<\theta<\dfrac{\pi}{2}\right)$

とおいて解くこともできる．

305

$$f'(x)=6x^2-6ax=6x(x-a)$$

$f'(x)=0$ となる x の値は 0 と a である．

a と 0 および 1 との大小により，次のように場合分けして考える．

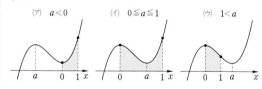

(ア) $a<0$ (イ) $0\leqq a\leqq 1$ (ウ) $1<a$

(ア) $\boldsymbol{a<0}$ のとき，

最小値は，$f(0)=2$

(イ) $\boldsymbol{0\leqq a\leqq 1}$ のとき，

最小値は，$f(a)=-a^3+2$

(ウ) $\boldsymbol{1<a}$ のとき，

最小値は，$f(1)=4-3a$

306 $y=x^3-3x^2$ のグラフに点 A(0, a) から異なる 3 本の接線が引けるような定数 a の値の範囲を求めなさい.

方針 接点の x 座標を t とおいて接線の方程式を求める. その接線が点 A(0, a) を通るような t の値が 3 個あるようにする.

▶ t の 3 次方程式を導き, それが異なる 3 個の実数解をもつようにする.

307 すべての実数 x について
$$x^4-4a^3x+3\geqq 0$$
であるような定数 a の値の範囲を求めなさい.

方針 4 次関数 $f(x)=x^4-4a^3x+3$ の最小値を求め, それが 0 以上であるようにする.

▶ x^3-a^3 の符号は, $x-a$ の符号と一致する.
$$x^3-a^3=(x-a)(x^2+ax+a^2)$$
$$x^2+ax+a^2=\left(x+\frac{1}{2}a\right)^2+\frac{3}{4}a^2\geqq 0$$

306

$$y'=3x^2-6x$$

このグラフの $(t,\ t^3-3t^2)$ における接線は

$$y-(t^3-3t^2)=(3t^2-6t)(x-t)$$
$$y=(3t^2-6t)x+(-2t^3+3t^2)$$

これが，点 A$(0,\ a)$ を通るから

$$a=-2t^3+3t^2 \qquad\cdots\cdots①$$

この t についての3次方程式が異なる3個の実数解をもつ
ような定数 a の値の範囲を求めればよい．

①より

$$\begin{cases} s=a & \cdots\cdots② \\ s=-2t^3+3t^2 & \cdots\cdots③ \end{cases}$$

③より

$$s'=-6t^2+6t=-6t(t-1)$$

③のグラフは右図のようにな
る．このグラフと直線 $s=a$ と
が異なる3点で交わるような a の値の範囲を考えて

$$0<a<1$$

307

$f(x)=x^4-4a^3x+3$ とおくと

$$f'(x)=4x^3-4a^3=4(x^3-a^3)=4(x-a)(x^2+ax+a^2)$$

x	$\cdots$	a	$\cdots$
$f'(x)$	$-$	0	$+$
$f(x)$	$\searrow$		$\nearrow$

関数 $f(x)$ の増減は上の表のようになるので，$f(x)$ の最小
値は

$$f(a)=-3a^4+3$$

となる．

したがって，$f(a)\geqq0$ となるような a の値の範囲を考えて

$$-3a^4+3\geqq0$$
$$a^4\leqq1$$
$$a^4-1\leqq0$$
$$(a^2+1)(a+1)(a-1)\leqq0$$

$a^2+1>0$ より

$$-1\leqq a\leqq1$$

6 積 分　　　　　　　　　　　標 準 問 題

308

$$\{(ax+b)^n\}'=na(ax+b)^{n-1}$$

を利用して，次の不定積分を求めなさい．

(1) $\displaystyle\int (7x+4)^2 dx$　　　(2) $\displaystyle\int (5x-2)^3 dx$

方針 展開せず，この形のまま次の公式を利用する．

〔公式〕 $\displaystyle\int (ax+b)^m dx=\dfrac{1}{a(m+1)}(ax+b)^{m+1}+C$

309 3次関数 $f(x)$ は

$$f(1)=3,\ \ f(2)=2$$
$$f'(x)=6x^2-12x+k\ \ (k\text{ は定数})$$

を満たす．$f(x)$ を求めなさい．

方針 $f(x)=\displaystyle\int (6x^2-12x+k)dx$

▶条件を用いて，k の値および積分定数を定める．

A N S W E R

308
(1) $\displaystyle\int (7x+4)^2 dx = \frac{1}{3\times 7}(7x+4)^3 + C$

$\qquad = \dfrac{1}{21}(7x+4)^3 + C$

(2) $\displaystyle\int (5x-2)^3 dx = \frac{1}{4\times 5}(5x-2)^4 + C$

$\qquad = \dfrac{1}{20}(5x-2)^4 + C$

309 $f'(x)=6x^2-12x+k$ より

$$f(x)=\int (6x^2-12x+k)dx$$

$$=2x^3-6x^2+kx+C$$

$f(1)=3$ より

$$-4+k+C=3$$

$f(2)=2$ より

$$-8+2k+C=2$$

よって

$$k=3, \quad C=4$$

ゆえに

$$f(x)=2x^3-6x^2+3x+4$$

310

次の定積分を求めなさい.

$$\int_{\alpha}^{\beta}(x-\alpha)(x-\beta)dx$$

方針 展開してから積分する. あるいは,

$x-\beta=(x-\alpha)-(\beta-\alpha)$ と考える.

▶ $(x-\alpha)(x-\beta)=(x-\alpha)^2-(\beta-\alpha)(x-\alpha)$

　 と変形して,この形のまま積分する.

▶ $\int(x-\alpha)^m dx = \dfrac{1}{m+1}(x-\alpha)^{m+1}+C$

6

積

分

標準問題

311

次の定積分を求めなさい.

$$\int_{-2}^{2}(x^3+6x^2-7x+3)dx$$

方針 偶数次の項と奇数次の項とに分けて考える.

偶関数・奇関数の定積分

$$\int_{-a}^{a}x^{2n}dx=2\int_{0}^{a}x^{2n}dx, \quad \int_{-a}^{a}x^{2n-1}dx=0$$

310

[解 1] $\displaystyle\int_\alpha^\beta (x-\alpha)(x-\beta)dx = \int_\alpha^\beta \{x^2-(\alpha+\beta)x+\alpha\beta\}dx$

$\displaystyle = \left[\frac{1}{3}x^3-\frac{1}{2}(\alpha+\beta)x^2+\alpha\beta x\right]_\alpha^\beta$

$\displaystyle = \frac{1}{3}(\beta^3-\alpha^3)-\frac{1}{2}(\alpha+\beta)(\beta^2-\alpha^2)+\alpha\beta(\beta-\alpha)$

$\displaystyle = \frac{1}{6}(\beta-\alpha)\{2(\beta^2+\alpha\beta+\alpha^2)-3(\alpha+\beta)(\beta+\alpha)+6\alpha\beta\}$

$\displaystyle = \frac{1}{6}(\beta-\alpha)(-\beta^2+2\alpha\beta-\alpha^2)$

$\displaystyle = -\frac{1}{6}(\beta-\alpha)(\beta^2-2\alpha\beta+\alpha^2)$

$\displaystyle = -\frac{1}{6}(\beta-\alpha)^3$

[解 2] $\displaystyle\int_\alpha^\beta (x-\alpha)(x-\beta)dx$

$\displaystyle = \int_\alpha^\beta (x-\alpha)\{(x-\alpha)-(\beta-\alpha)\}dx$

$\displaystyle = \int_\alpha^\beta \{(x-\alpha)^2-(\beta-\alpha)(x-\alpha)\}dx$

$\displaystyle = \left[\frac{1}{3}(x-\alpha)^3-\frac{1}{2}(\beta-\alpha)(x-\alpha)^2\right]_\alpha^\beta$

$\displaystyle = \frac{1}{3}(\beta-\alpha)^3-\frac{1}{2}(\beta-\alpha)(\beta-\alpha)^2$

$\displaystyle = \frac{1}{3}(\beta-\alpha)^3-\frac{1}{2}(\beta-\alpha)^3$

$\displaystyle = -\frac{1}{6}(\beta-\alpha)^3$

311

$\displaystyle\int_{-2}^2 (x^3+6x^2-7x+3)dx$

$\displaystyle = \int_{-2}^2 (6x^2+3)dx + \int_{-2}^2 (x^3-7x)dx$

$\displaystyle = 2\int_0^2 (6x^2+3)dx + 0$

$\displaystyle = 2\left[2x^3+3x\right]_0^2$

$= 2(16+6)$

$= \mathbf{44}$

312

放物線 $y=ax^2+bx+c$ と直
線 $y=px+q$ とで囲まれた
図形の面積 S は，2 交点の
x 座標を α，β $(\alpha<\beta)$ とす
ると

$$S=\frac{|a|}{6}(\beta-\alpha)^3$$

となることを証明しなさい．

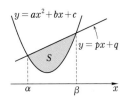

方針 問題 310 の結果を利用する．

〔公式〕 $\displaystyle\int_{\alpha}^{\beta}(x-\alpha)(x-\beta)\,dx=-\frac{1}{6}(\beta-\alpha)^3$

6

積

分

標準問題

313

曲線 $y=(x-\alpha)(x-\beta)^2$ と x 軸
とで囲まれた図形の面積 S は

$$S=\frac{1}{12}(\beta-\alpha)^4$$

となることを証明しなさい．
ただし，$\alpha<\beta$ である．

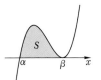

方針 $x-\alpha=(x-\beta)+(\beta-\alpha)$
と考えて積分する．

▶ $\displaystyle S=\int_{\alpha}^{\beta}(x-\alpha)(x-\beta)^2\,dx$

▶ 右辺をさらに

$$\int_{\alpha}^{\beta}\{(x-\beta)^3+(\beta-\alpha)(x-\beta)^2\}\,dx$$

と変形してから積分する．

312

$y = ax^2 + bx + c$ と $y = px + q$ より
$$ax^2 + bx + c - (px + q) = 0$$
この2次方程式の解が，$x = \alpha,\ \beta\ (\alpha < \beta)$ であるから
$$ax^2 + bx + c - (px + q) = a(x - \alpha)(x - \beta)$$
$$S = \int_\alpha^\beta |(ax^2 + bx + c) - (px + q)|\, dx$$
$$= \int_\alpha^\beta |a(x - \alpha)(x - \beta)|\, dx$$
$$= |a| \int_\alpha^\beta |(x - \alpha)(x - \beta)|\, dx$$
ここで，区間 $\alpha \leqq x \leqq \beta$ においては $x - \alpha \geqq 0,\ x - \beta \leqq 0$ であるから $(x - \alpha)(x - \beta) \leqq 0$
よって
$$|(x - \alpha)(x - \beta)| = -(x - \alpha)(x - \beta)$$
となるので
$$S = |a| \int_\alpha^\beta \{-(x - \alpha)(x - \beta)\}dx$$
$$= -|a| \int_\alpha^\beta (x - \alpha)(x - \beta)dx$$
$$= -|a| \times \left\{-\frac{1}{6}(\beta - \alpha)^3\right\} = \frac{|a|}{6}(\beta - \alpha)^3$$

313
$$S = \int_\alpha^\beta (x - \alpha)(x - \beta)^2 dx$$
$$= \int_\alpha^\beta \{(x - \beta) + (\beta - \alpha)\}(x - \beta)^2 dx$$
$$= \int_\alpha^\beta \{(x - \beta)^3 + (\beta - \alpha)(x - \beta)^2\}dx$$
$$= \left[\frac{1}{4}(x - \beta)^4 + \frac{1}{3}(\beta - \alpha)(x - \beta)^3\right]_\alpha^\beta$$
$$= \frac{1}{4}\{0^4 - (\alpha - \beta)^4\} + \frac{1}{3}(\beta - \alpha)\{0^3 - (\alpha - \beta)^3\}$$
$$= \frac{1}{4}\{-(\beta - \alpha)^4\} + \frac{1}{3}(\beta - \alpha)(\beta - \alpha)^3$$
$$= -\frac{1}{4}(\beta - \alpha)^4 + \frac{1}{3}(\beta - \alpha)^4 = \frac{1}{12}(\beta - \alpha)^4$$

314 放物線 $y=x^2$ と直線
$y=m(x-1)+2$ とで囲まれた図
形の面積の最小値を求めなさい.

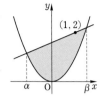

方針 2つの交点の x 座標を α,
β とおいて, α, β を用いて
面積を表す.

▶ $S=\dfrac{|a|}{6}(\beta-\alpha)^3$

▶ さらに, m を用いて面積を表し, 最小値を求める.

▶ $(\beta-\alpha)^3=\{(\beta-\alpha)^2\}^{\frac{3}{2}}$

▶ $(\beta-\alpha)^2$ を変形する.
$$(\beta-\alpha)^2=(\alpha+\beta)^2-4\alpha\beta$$

▶ さらに, 解と係数の関係より
$$\alpha+\beta=m, \quad \alpha\beta=m-2$$

6
積
分
標準問題

315 放物線 $C_1：y=x^2$ の接線 l と
放物線 $C_2：y=x^2-1$ とで囲
まれた図形の面積は, 接点の
位置によらず一定であること
を証明しなさい.

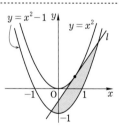

方針 接点の x 座標を t とお
いて, 囲まれた図形の
面積を t を用いて表す.

▶ 接線 l の方程式は, $y=2tx-t^2$

▶ l と C_2 の2交点の x 座標は $t+1$, $t-1$

▶ $S=\dfrac{|a|}{6}(\beta-\alpha)^3$ の利用.

▶ 囲まれた図形の面積 S を計算していくと, t がすべて消
えて S が一定値であることがわかる.

314

$y=x^2$ と $y=m(x-1)+2$ より
$$x^2-mx+(m-2)=0$$
この解を α, β $(\alpha<\beta)$ とおくと, 解と係数の関係より
$$\alpha+\beta=m, \quad \alpha\beta=m-2$$
さて, 囲まれた図形の面積 S は, x^2 の係数が1であるから
$$S=\frac{1}{6}(\beta-\alpha)^3=\frac{1}{6}\{(\beta-\alpha)^2\}^{\frac{3}{2}}$$
ここで
$$(\beta-\alpha)^2=(\alpha+\beta)^2-4\alpha\beta$$
$$=m^2-4(m-2)=m^2-4m+8$$
$$=(m-2)^2+4$$
であるから
$$S=\frac{1}{6}\{(m-2)^2+4\}^{\frac{3}{2}}$$
したがって, $m=2$ のとき S は最小で, 最小値は
$$\frac{1}{6}\cdot4^{\frac{3}{2}}=\frac{1}{6}\cdot8=\frac{4}{3}$$

315

$y=x^2$ より $y'=2x$
C_1 と l との接点を $(t,\ t^2)$ とすると, l の方程式は
$$y-t^2=2t(x-t)$$
すなわち
$$l : y=2tx-t^2$$
これと, $y=x^2-1$ との交点の x 座標を求めると
$$x^2-2tx+t^2-1=0$$
$$(x-t)^2=1$$
$$x-t=\pm1$$
$$x=t\pm1$$
ゆえに, l と C_2 とで囲まれた図形の面積 S は
$$S=\frac{1}{6}\{(t+1)-(t-1)\}^3$$
$$=\frac{1}{6}\cdot2^3=\frac{4}{3}$$
となり, 一定である.

316 定積分 $I=\displaystyle\int_{-1}^{1}(x^2-ax-b)^2dx$ の値を最小にするような
定数 a, b の値を求めなさい.

方針 $\displaystyle\int_{-1}^{1}x^3dx=0$,　$\displaystyle\int_{-1}^{1}xdx=0$

$\displaystyle\int_{-1}^{1}x^4dx=2\int_{0}^{1}x^4dx$,　$\displaystyle\int_{-1}^{1}x^2dx=2\int_{0}^{1}x^2dx$

$\displaystyle\int_{-1}^{1}dx=2\int_{0}^{1}dx$

を用いて，計算を簡単にする.

▶ I は a, b の関数になる.

▶ a の2次式と b の2次式とに分離し，それぞれについ
て平方完成する.

6

積分 標準問題

317 次の式を満たす関数 $f(x)$ を求めなさい.

$$f(x)=3x^2-6x+2\int_{1}^{2}f(x)dx$$

方針 $A=\displaystyle\int_{1}^{2}f(x)dx$ とおく.

▶ 定積分 $\displaystyle\int_{1}^{2}f(x)dx$ は定数である.

▶ $f(x)=3x^2-6x+2A$ となる．これを用いて，

$A=\displaystyle\int_{1}^{2}(3x^2-6x+2A)dx$ を計算する.

316

$$I=\int_{-1}^{1}\{x^4-2ax^3+(a^2-2b)x^2+2abx+b^2\}dx$$

$$=\int_{-1}^{1}\{x^4+(a^2-2b)x^2+b^2\}dx+\int_{-1}^{1}(-2ax^3+2abx)dx$$

$$=2\int_{0}^{1}\{x^4+(a^2-2b)x^2+b^2\}dx+0$$

$$=2\left[\frac{1}{5}x^5+\frac{1}{3}(a^2-2b)x^3+b^2x\right]_{0}^{1}$$

$$=2\left\{\frac{1}{5}+\frac{1}{3}(a^2-2b)+b^2\right\}=2\left\{\frac{1}{3}a^2+b^2-\frac{2}{3}b+\frac{1}{5}\right\}$$

$$=2\left\{\frac{1}{3}a^2+\left(b-\frac{1}{3}\right)^2+\frac{4}{45}\right\}$$

これを最小にする a, b の値は

$$a=0, \quad b=\frac{1}{3}$$

317 $\int_{1}^{2}f(x)dx$ は定数であるから

$$A=\int_{1}^{2}f(x)dx$$

とおくと

$$f(x)=3x^2-6x+2A$$

このとき

$$A=\int_{1}^{2}f(x)dx=\int_{1}^{2}(3x^2-6x+2A)dx$$

$$=\left[x^3-3x^2+2Ax\right]_{1}^{2}=7-9+2A=2A-2$$

よって， $A=2$

ゆえに， $f(x)=3x^2-6x+4$

7 数　列　　標 準 問 題

318 次の 2 つの数列に共通な項の個数およびそれらの総和
を求めなさい.

$$2,\ 4,\ 8,\ 16,\ 32,\ \cdots$$
$$1001,\ 998,\ 995,\ 992,\ 989,\ \cdots$$

方針 2 から 1001 の間で考えればよい.

▶共通項も, 等比数列をつくる.

　書き出してみるとよい.

---

319 数列 $\{a_n\}$ について

$$S = a_1 + a_2 + a_3 + \cdots + a_{10}$$
$$T = a_{11} + a_{12} + a_{13} + \cdots + a_{20}$$
$$U = a_{21} + a_{22} + a_{23} + \cdots + a_{30}$$

とおくとき, $S=4$, $T=6$ である.

(1) $\{a_n\}$ が等差数列であるとき, U の値を求めなさい.

(2) $\{a_n\}$ が等比数列であるとき, U の値を求めなさい.

方針 公差を d, 公比を r とおいて, S, T, U の関係を
考える.

318 第1の数列の一般項は 2^n
第2の数列は，各項がすべて1001以下であるから，共通項の候補は

$$2, \ 4, \ 8, \ 16, \ 32, \ 64, \ 128, \ 256, \ 512$$

である．
さらに，第2の数列の各項は，3で割って2余る整数であるから，結局，共通項は

$$2, \ 8, \ 32, \ 128, \ 512$$

となり，項の個数は**5個**で，その和は**682**である．

319 (1) 公差を d とすると

$$a_{11}=a_1+10d, \ a_{12}=a_2+10d, \ \cdots, \ a_{20}=a_{10}+10d$$

これら10個の式を加えると

$$T=S+10d\times10 \quad \text{すなわち，} \quad T=S+100d$$

同様に，$U=T+100d$
ここで，$100d=T-S=6-4=2$ である．
ゆえに，$U=T+100d=6+2=\mathbf{8}$

(2) 公比を r とすると

$$a_{11}=a_1 r^{10}, \ a_{12}=a_2 r^{10}, \ \cdots, \ a_{20}=a_{10} r^{10}$$

これら10個の式を加えると

$$T=(a_1+a_2+\cdots+a_{10})r^{10} \quad \text{すなわち，} \quad T=S\cdot r^{10}$$

同様に，$U=T\cdot r^{10}$

ここで，$r^{10}=T\div S=6\div4=\dfrac{3}{2}$ である．

ゆえに，$U=T\cdot\dfrac{3}{2}=6\times\dfrac{3}{2}=\mathbf{9}$

(参考) (1)では，S, T, U が等差数列になっている．
(2)では，S, T, U が等比数列になっている．

7 数列 標準問題

320

1 から n までの n 個の数から異なる 2 数を選んで積を
つくる．そのような積のすべての和 S を求めなさい．

方針 $(1+2+3+\cdots+n)^2$ の展開を考える．

▶たとえば $n=5$ ならば

1×2, 1×3, 1×4, 1×5,

$\quad\quad 2\times3$, 2×4, 2×5,

$\quad\quad\quad\quad 3\times4$, 3×5,

$\quad\quad\quad\quad\quad\quad 4\times5$

の 10 個の積の総和を求める
ことになる．

	1	2	3	4	5
1		1×2	1×3	1×4	1×5
2			2×3	2×4	2×5
3				3×4	3×5
4					4×5
5					

321

次の数列の初項から，第 n 項までの和を求めなさい．

$$\frac{1}{1},\ \frac{1}{1+2},\ \frac{1}{1+2+3},\ \frac{1}{1+2+3+4},\ \cdots$$

方針 まず，第 k 項の分母を求める．

▶第 k 項の分母は

$$1+2+3+\cdots+(k-1)+k=\frac{1}{2}k(k+1)$$

よって，第 k 項は

$$\frac{2}{k(k+1)}$$

▶$\dfrac{1}{k(k+1)}=\dfrac{1}{k}-\dfrac{1}{k+1}$

320

$$\{1+2+3+\cdots+(n-1)+n\}^2$$
$$=\{1^2+2^2+3^2+\cdots+(n-1)^2+n^2\}$$
$$+2\{1\cdot2+1\cdot3+\cdots+(n-1)n\}$$

～～～ の部分が求める和 S であるから

$$S=\frac{1}{2}\{(1+2+3+\cdots+n)^2-(1^2+2^2+3^2+\cdots+n^2)\}$$

$$=\frac{1}{2}\left\{\left(\frac{1}{2}n(n+1)\right)^2-\frac{1}{6}n(n+1)(2n+1)\right\}$$

$$=\frac{1}{2}\left\{\frac{1}{4}n^2(n+1)^2-\frac{1}{6}n(n+1)(2n+1)\right\}$$

$$=\frac{1}{2}\cdot\frac{1}{12}n(n+1)\{3n(n+1)-2(2n+1)\}$$

$$=\frac{1}{24}n(n+1)(3n^2-n-2)$$

$$=\frac{1}{24}(n-1)n(n+1)(3n+2)$$

321 第 k 項の分母は

$$1+2+3+\cdots+(k-1)+k=\frac{1}{2}k(k+1)$$

よって，第 k 項は

$$\frac{1}{\frac{1}{2}k(k+1)}=\frac{2}{k(k+1)}=2\left(\frac{1}{k}-\frac{1}{k+1}\right)$$

したがって，求める和は

$$2\left(\frac{1}{1}-\frac{1}{2}\right)+2\left(\frac{1}{2}-\frac{1}{3}\right)+2\left(\frac{1}{3}-\frac{1}{4}\right)+\cdots+2\left(\frac{1}{n}-\frac{1}{n+1}\right)$$

$$=2\left(1-\frac{1}{n+1}\right)$$

$$=\frac{2n}{n+1}$$

322 1 から始まる自然数の列を次のように区切る.

$$1\,|\,2,\ 3\,|\,4,\ 5,\ 6\,|\,7,\ 8,\ 9,\ 10\,|\cdots$$

(1) 第 n 群の最後の数を求めなさい.

(2) 72 は第何群の何番めの数か答えなさい.

方針 (1) もとの自然数の列において，第何項になるかを考える.

(2) 72 が，まず第何群に含まれるのかを考える.

▶ 第 1 群から第 n 群までの項数は

$$1+2+3+\cdots+(n-1)+n=\frac{1}{2}n(n+1)$$

323 次のような数列がある.

$$\frac{1}{2},\ \frac{1}{3},\ \frac{2}{3},\ \frac{1}{4},\ \frac{2}{4},\ \frac{3}{4},\ \frac{1}{5},\ \frac{2}{5}\ \cdots$$

(1) $\dfrac{19}{23}$ はこの数列の第何項か答えなさい.

(2) この数列の第 50 項は何か答えなさい.

方針 群に分けて考える.

▶ まず，分母が同じ項を 1 つの群と考える.
第 k 群の分母は $k+1$ で
第 k 群には k 個の項が含まれる.

▶ $\dfrac{19}{23}$ は第 22 群の 19 番めである.

▶ 第 50 項が第 n 群に含まれるとすると

$$\frac{1}{2}n(n-1)<50\leqq\frac{1}{2}n(n+1)$$

322

(1) 第 k 群には k 個の項が含まれるので,第 n 群の最後の数は

$$1+2+3+\cdots+n=\frac{1}{2}n(n+1)$$

(2) 72 が第 n 群に含まれるとすると

$$\frac{1}{2}(n-1)n<72\leqq\frac{1}{2}n(n+1)$$

これを満たす n は,$n=12$

第 11 群の最後の数は,$\frac{1}{2}\cdot11\cdot12=66$

$$72-66=6$$

ゆえに,72 は **第 12 群の 6 番め** の数である.

323 分母が同じ項をまとめて群に分けると,
項の個数は,第 1 群は 1 項,第 2 群は 2 項,第 3 群は 3 項,
…となる.

(1) $\dfrac{19}{23}$ は,第 22 群の 19 番めであるから

$$(1+2+3+\cdots+21)+19=\frac{1}{2}\cdot21\cdot22+19=250$$

すなわち,**第 250 項** である.

(2) 第 1 群から第 n 群までの項の個数は

$$1+2+3+\cdots+n=\frac{1}{2}n(n+1)$$

であるから,第 50 項が第 n 群に含まれるとすると

$$\frac{1}{2}(n-1)n<50\leqq\frac{1}{2}n(n+1)$$

これを満たす n は,$n=10$

第 9 群までの項の個数は,$\frac{1}{2}\cdot9\cdot10=45$(個)

$$50-45=5$$

したがって,第 50 項は第 10 群の 5 番めの数で

$$\frac{5}{11}$$

324

次のように定義された数列の一般項を求めなさい.

$$\begin{cases} a_1=1, \ a_2=5 \\ a_{n+2}-5a_{n+1}+6a_n=0 \quad (n=1, \ 2, \ 3, \ \cdots\cdots) \end{cases}$$

方針 $a_{n+2}-\alpha a_{n+1}=\beta(a_{n+1}-\alpha a_n)$ の形に変形する.

▶ 2 次方程式 $x^2-5x+6=0$ を解く. その解 α, β を利用して変形する.

▶ $\{a_{n+1}-\alpha a_n\}$ が公比 β の等比数列となる.

▶ さらに, α と β を入れかえる.
$\{a_{n+1}-\beta a_n\}$ が公比 α の等比数列となる.

▶
$$a_{n+2}-5a_{n+1}+6a_n=0$$
$$a_{n+2}-2a_{n+1}=3(a_{n+1}-2a_n), \quad a_{n+2}-3a_{n+1}=2(a_{n+1}-3a_n)$$

325

次のように定義された数列の一般項を求めなさい.

$$\begin{cases} a_1=2 \\ a_{n+1}=2a_n+2^{n+1} \quad (n=1, \ 2, \ 3, \ \cdots\cdots) \end{cases}$$

方針 漸化式の両辺を 2^{n+1} で割る.

▶ a_n の係数が 2, a_{n+1} の係数が 1 であるので, 両辺を 2^{n+1} で割ると

$$\frac{a_{n+1}}{2^{n+1}}=\frac{a_n}{2^n}+1$$

▶ $\left\{\dfrac{a_n}{2^n}\right\}$ が等差数列になる.

$b_n=\dfrac{a_n}{2^n}$ と置きかえるとよい.

324

$x^2-5x+6=0$ を解いて $x=2,\ 3$

$$a_{n+2}-5a_{n+1}+6a_n=0 \qquad \cdots\cdots ①$$

より

$$a_{n+2}-2a_{n+1}=3(a_{n+1}-2a_n)$$

よって

$$a_{n+1}-2a_n=(a_2-2a_1)\cdot 3^{n-1}$$
$$=(5-2\cdot 1)\cdot 3^{n-1}=3^n \qquad \cdots\cdots ②$$

また，①より

$$a_{n+2}-3a_{n+1}=2(a_{n+1}-3a_n)$$

よって

$$a_{n+1}-3a_n=(a_2-3a_1)\cdot 2^{n-1}$$
$$=(5-3\cdot 1)\cdot 2^{n-1}=2^n \qquad \cdots\cdots ③$$

②，③を結果のみ書きなおすと

$$a_{n+1}-2a_n=3^n$$
$$a_{n+1}-3a_n=2^n$$

辺々引いて

$$a_n=3^n-2^n$$

325

$a_{n+1}=2a_n+2^{n+1}$ の両辺を 2^{n+1} で割って

$$\frac{a_{n+1}}{2^{n+1}}=\frac{a_n}{2^n}+1 \qquad \cdots\cdots ①$$

ここで，$\dfrac{a_n}{2^n}=b_n$ とおくと，$\dfrac{a_{n+1}}{2^{n+1}}=b_{n+1}$ であるから，①は

$$b_{n+1}=b_n+1 \qquad \cdots\cdots ②$$

となる．

また，$\qquad b_1=\dfrac{a_1}{2}=\dfrac{2}{2}=1 \qquad \cdots\cdots ③$

②，③より，数列 $\{b_n\}$ は初項 1，公差 1 の等差数列であるから

$$b_n=1+(n-1)\times 1=n$$

すなわち，$\qquad \dfrac{a_n}{2^n}=n$

ゆえに，$\qquad a_n=n\cdot 2^n$

8 統計的な推測 （標準問題）

326

2つの確率変数 X, Y は，$Y=aX+b$ を満たす．ただし，a, b は定数で，$a>0$ である．
次の値がわかっているとき，定数 a, b の値を求めなさい．

$E(X)=5$, $V(X)=2$, $E(Y)=100$, $V(Y)=200$

$$E(aX+b)=aE(X)+b$$
$$V(aX+b)=a^2V(X)$$

方針 上の公式を利用して，a, b についての条件式を作って解く．

327

教科の成績 X を 5 段階で評価するとき，右の表に従って 1 から 5 までの評点を付ける．
ただし，X は正規分布に従い，

成績	評点
$X<m-1.5\sigma$	1
$m-1.5\sigma \leqq X<m-0.5\sigma$	2
$m-0.5\sigma \leqq X \leqq m+0.5\sigma$	3
$m+0.5\sigma < X \leqq m+1.5\sigma$	4
$m+1.5\sigma < X$	5

$m=E(X)$, $\sigma=\sigma(X)$

である．なお，p.224 の正規分布表における $u(z)$ の値を使用してよい．

(1) 30 人の学級で，評点が 1, 2, 3, 4, 5 の生徒の人数は，それぞれ何人くらいになるか求めなさい．

(2) $m=65$，$\sigma=20$ のとき，成績が $X=85$ の生徒の評点はいくつになるか求めなさい．

方針 確率変数 $Z=\dfrac{X-m}{\sigma}$ が標準正規分布 $N(0,\ 1)$ に従うことを利用する．

▶ 評点 1 の人数と評点 5 の人数は等しい．
評点 2 の人数と評点 4 の人数は等しい．

A N S W E R

326

$V(Y) = V(aX+b) = a^2V(X)$

$V(X) = 2$, $V(Y) = 200$ より $200 = a^2 \cdot 2$ $a^2 = 100$

$a > 0$ より $\qquad a = 10$

よって, $\qquad Y = 10X + b$

$E(Y) = E(10X+b) = 10E(X) + b$

$E(X) = 5$, $E(Y) = 100$ より $100 = 10 \times 5 + b$

ゆえに, $\qquad b = 50$

327

$Z = \dfrac{X-m}{\sigma}$ とおくと, 確率変数 Z は $N(0, 1)$ に従う.

(1) (ア) 評点 1 と評点 5

$\qquad P(X < m - 1.5\sigma) = P(Z < -1.5) = 0.5 - u(1.5)$

$\qquad P(X > m + 1.5\sigma) = P(Z > 1.5) = 0.5 - u(1.5)$

$\qquad\qquad = 0.5 - 0.4332 = 0.0668$

よって, 評点 1 の人数と評点 5 の人数は等しく

$\qquad 30 \times 0.0668 = 2.004$ より **2 人**

(イ) 評点 2 と評点 4

$\qquad P(m - 1.5\sigma \leqq X < m - 0.5\sigma)$

$\qquad = P(-1.5 \leqq Z < -0.5) = u(1.5) - u(0.5)$

$\qquad P(m + 0.5\sigma < X \leqq m + 1.5\sigma)$

$\qquad = P(0.5 < Z \leqq 1.5) = u(1.5) - u(0.5)$

$\qquad = 0.4332 - 0.1915 = 0.2417$

よって, 評点 2 の人数と評点 4 の人数は等しく

$\qquad 30 \times 0.2417 = 7.251$ より **7 人**

(ウ) 評点 3

$\qquad P(m - 0.5\sigma \leqq X \leqq m + 0.5\sigma) = P(-0.5 \leqq Z \leqq 0.5)$

$\qquad = 2u(0.5) = 2 \times 0.1915 = 0.3830$

よって, 評点 3 の人数は

$\qquad 30 \times 0.3830 = 11.49$ より **11 人**

(2) $Z = \dfrac{85-65}{20} = \dfrac{20}{20} = 1$

よって, 成績 $X = 85$ は $m + 0.5\sigma < X \leqq m + 1.5\sigma$ の範囲に
含まれるので, この生徒の評点は 4 である.

(注意) (1)の各評点の人数の合計は 29 人となっている.
　　　　このようなときは, 評点 3 の人数を 12 人として
　　　　全体で 30 人となるように調整するとよい.

328

ある大都市で，100人を無作為に選んで調べたところ，オリンピック招致の支持者は60人であった．この大都市におけるオリンピック招致の支持率 p に対する信頼度95％の信頼区間を求めなさい．

> **母比率の推定**
> 　標本比率を p' とするとき，母比率 p に対する信頼度95％の信頼区間は
> $$p' - 1.96\sqrt{\frac{p'(1-p')}{n}} \le p \le p' + 1.96\sqrt{\frac{p'(1-p')}{n}}$$

329

ある農場でつくっている果物A全体における重さの平均は5.1 kg，標準偏差は1.0 kgであった．今年，栽培法に改良を加えてつくった果物Aから100個を無作為に抽出して，その重さを調べたところ，平均は5.3 kgであった．この改良を加えた栽培法で果物A全体の重さの平均が大きくなったと言えるか．有意水準5％で片側検定しなさい．

▶ 改良後の果物A全体の重さの平均が小さくなる可能性は考えないので，「改良後の果物A全体の平均 <5.1」は考えない．

▶ 対立仮説は「改良後の果物A全体の平均 >5.1」になる．

★ 有意水準5％の両側検定

★ 有意水準5％の片側検定

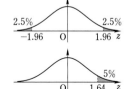

328

標本比率は

$$p' = \frac{60}{100} = 0.6$$

であるから，母比率 p に対する信頼度 95 %の信頼区間は

$$0.6 - 1.96 \cdot \sqrt{\frac{0.6 \cdot 0.4}{100}} \leqq p \leqq 0.6 + 1.96 \cdot \sqrt{\frac{0.6 \cdot 0.4}{100}}$$

ゆえに

$$\mathbf{0.504 \leqq p \leqq 0.696}$$

329

改良を加えた栽培法でつくった果物 A 全体の重さの平均を m kg とし，帰無仮説を「$m = 5.1$」，対立仮説を「$m > 5.1$」とする.

標本平均 $\overline{X}$ は正規分布 $N\left(5.1, \dfrac{1.0^2}{100}\right)$ に従うから

$$Z = \frac{\overline{X} - 5.1}{\dfrac{1.0}{\sqrt{100}}} = \frac{\overline{X} - 5.1}{0.1}$$

は標準正規分布 $N(0, 1)$ に従う. このとき

$$\frac{5.3 - 5.1}{0.1} = 2.0 > 1.64$$

であるから，$\overline{X} = 5.3$ は棄却域にあるので，帰無仮説は棄却され，対立仮説が正しいと言える.

すなわち，改良を加えた栽培法で果物 A 全体の重さの平均が大きくなったと言える.

9 ベクトル 〈標準問題〉

330 右の図の四角形 ABCD で、

$$\begin{cases} AM = DM \\ BN = CN \end{cases}$$

ならば、

$$\overrightarrow{MN} = \frac{\overrightarrow{AB} + \overrightarrow{DC}}{2}$$

であることを証明しなさい.

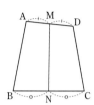

方針 $\overrightarrow{MN}$ を 2 通りに表して、

$$\overrightarrow{MA} + \overrightarrow{MD} = \vec{0}$$
$$\overrightarrow{BN} + \overrightarrow{CN} = \vec{0}$$

を用いる.

▶ $\overrightarrow{MN} = \overrightarrow{MA} + \overrightarrow{AB} + \overrightarrow{BN}$
  $\overrightarrow{MN} = \overrightarrow{MD} + \overrightarrow{DC} + \overrightarrow{CN}$

---

331 t を実数とし、

$$\vec{a} = (2, \ 6) + t(2, \ 1)$$

であるとき、$|\vec{a}|$ の最小値を求めなさい.

方針 $|\vec{a}|^2$ を計算し、t の 2 次関数の最小値を求める.

▶ $\vec{a} = (a_1, \ a_2)$ のとき、$|\vec{a}| = \sqrt{a_1{}^2 + a_2{}^2}$

▶ $|\vec{a}|^2$ の最小値を m とすると、
  $\sqrt{m}$ が $|\vec{a}|$ の最小値である.

A N S W E R

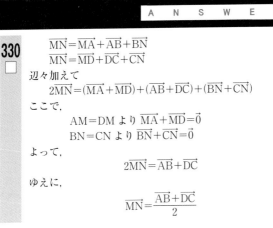

330

$$\overrightarrow{MN}=\overrightarrow{MA}+\overrightarrow{AB}+\overrightarrow{BN}$$
$$\overrightarrow{MN}=\overrightarrow{MD}+\overrightarrow{DC}+\overrightarrow{CN}$$

辺々加えて

$$2\overrightarrow{MN}=(\overrightarrow{MA}+\overrightarrow{MD})+(\overrightarrow{AB}+\overrightarrow{DC})+(\overrightarrow{BN}+\overrightarrow{CN})$$

ここで,

$$AM=DM \text{ より } \overrightarrow{MA}+\overrightarrow{MD}=\vec{0}$$
$$BN=CN \text{ より } \overrightarrow{BN}+\overrightarrow{CN}=\vec{0}$$

よって,

$$2\overrightarrow{MN}=\overrightarrow{AB}+\overrightarrow{DC}$$

ゆえに,

$$\overrightarrow{MN}=\frac{\overrightarrow{AB}+\overrightarrow{DC}}{2}$$

331

$$\vec{a}=(2,\ 6)+t(2,\ 1)$$
$$=(2t+2,\ t+6)$$
$$|\vec{a}|^2=(2t+2)^2+(t+6)^2$$
$$=5t^2+20t+40$$
$$=5(t+2)^2+20$$

この2次関数は $t=-2$ のとき最小値20 をとる.

ゆえに, $|\vec{a}|$ の最小値は

$$\sqrt{20}=2\sqrt{5}$$

9
ベクトル 標準問題

332 平面上に 2 点 A, B があって,
$$\overrightarrow{OA}=\vec{a}=(a,\ b) \qquad \overrightarrow{OB}=\vec{b}=(c,\ d)$$
であるとき, △OAB の面積 S は
$$S=\frac{1}{2}\sqrt{|\vec{a}|^2|\vec{b}|^2-(\vec{a}\cdot\vec{b})^2}=\frac{1}{2}|ad-bc|$$
となることを証明しなさい.

方針 $\angle AOB=\theta$ とするとき,
$$S=\frac{1}{2}OA\cdot OB\cdot\sin\theta$$
を利用する.

▶ S^2 を計算し
$$\sin^2\theta=1-\cos^2\theta$$
を利用する.

▶ さらに, 内積 $\vec{a}\cdot\vec{b}=|\vec{a}||\vec{b}|\cos\theta$ を利用する.

333 三角形 ABC の内部にある点 P が
$$2\overrightarrow{AP}+3\overrightarrow{BP}+4\overrightarrow{CP}=\vec{0}$$
を満たしている.
(1) $\overrightarrow{AP}$ を $\overrightarrow{AB}$, $\overrightarrow{AC}$ を用いて表しなさい.
(2) 直線 AP と辺 BC との交点を Q とするとき, BQ : QC を求めなさい.

方針 ベクトルの始点を A にそろえる.
▶ $\overrightarrow{BP}=\overrightarrow{AP}-\overrightarrow{AB}$, $\overrightarrow{CP}=\overrightarrow{AP}-\overrightarrow{AC}$
▶(2) 内分の公式を利用する.

9
ベクトル 標準問題

332

$\vec{a}$, $\vec{b}$ のなす角を θ とすると
$$S = \frac{1}{2}|\vec{a}||\vec{b}|\sin\theta$$

$$
\begin{aligned}
(2S)^2 &= |\vec{a}|^2|\vec{b}|^2\sin^2\theta = |\vec{a}|^2|\vec{b}|^2(1-\cos^2\theta)\\
&= |\vec{a}|^2|\vec{b}|^2 - (|\vec{a}||\vec{b}|\cos\theta)^2\\
&= |\vec{a}|^2|\vec{b}|^2 - (\vec{a}\cdot\vec{b})^2
\end{aligned}
$$

よって，$S = \frac{1}{2}\sqrt{|\vec{a}|^2|\vec{b}|^2 - (\vec{a}\cdot\vec{b})^2}$

さらに，$\vec{a} = (a, \ b)$，$\vec{b} = (c, \ d)$ であるから
$$
\begin{aligned}
|\vec{a}|^2|\vec{b}|^2 - (\vec{a}\cdot\vec{b})^2 &= (a^2+b^2)(c^2+d^2) - (ac+bd)^2\\
&= a^2d^2 - 2abcd + b^2c^2\\
&= (ad-bc)^2
\end{aligned}
$$

ゆえに，
$$S = \frac{1}{2}\sqrt{(ad-bc)^2} = \frac{1}{2}|ad-bc|$$

- -

333

(1) $2\overrightarrow{AP} + 3\overrightarrow{BP} + 4\overrightarrow{CP} = \vec{0}$ より
$$2\overrightarrow{AP} + 3(\overrightarrow{AP} - \overrightarrow{AB}) + 4(\overrightarrow{AP} - \overrightarrow{AC}) = \vec{0}$$
$$9\overrightarrow{AP} = 3\overrightarrow{AB} + 4\overrightarrow{AC}$$
よって，
$$\boxed{\overrightarrow{AP} = \frac{3\overrightarrow{AB} + 4\overrightarrow{AC}}{9}}$$

(2) $\overrightarrow{AP} = \frac{7}{9}\cdot\frac{3\overrightarrow{AB} + 4\overrightarrow{AC}}{7}$

ここで，辺 BC を $4:3$ に内分する
点を R とすると，
$$\overrightarrow{AR} = \frac{3\overrightarrow{AB} + 4\overrightarrow{AC}}{7}, \quad \overrightarrow{AP} = \frac{7}{9}\overrightarrow{AR}$$

よって，この点 R が直線 AP と辺 BC との交点 Q である．

ゆえに，
$$BQ : QC = 4 : 3$$

334 三角形 ABC の辺 AB の中点を D, 辺 AC を 1:2 に内分する点を E とする. 線分 BE と線分 CD の交点を P とするとき, $\overrightarrow{AP}$ を $\overrightarrow{AB}$, $\overrightarrow{AC}$ を用いて表しなさい.

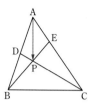

方針 $\overrightarrow{AP}$ を 2 通りに表して比較する.

▶ P は線分 BE 上の点であるから
$$\overrightarrow{AP}=(1-s)\overrightarrow{AB}+s\overrightarrow{AE}$$
P は線分 DC 上の点であるから
$$\overrightarrow{AP}=(1-t)\overrightarrow{AD}+t\overrightarrow{AC}$$

▶ さらに, $\overrightarrow{AD}$ と $\overrightarrow{AE}$ をそれぞれ $\overrightarrow{AB}$, $\overrightarrow{AC}$ で表して, 係数を比較する.

▶ $\vec{a}$, $\vec{b}$ が 1 次独立であるとき,
$$p\vec{a}+q\vec{b}=s\vec{a}+t\vec{b} \iff p=s \ \text{かつ} \ q=t$$

----

335 平面上に 3 点 A(4, 1), B(2, 3), P があり,
$$\overrightarrow{OP}=s\overrightarrow{OA}+t\overrightarrow{OB}$$
とする. s, t が
$$s\geqq0, \ t\geqq0, \ 2s+3t\leqq6$$
を満たしながら変化するとき, 点 P の存在範囲を図示しなさい.

方針 $\dfrac{s}{3}+\dfrac{t}{2}\leqq1$ と変形して, $\dfrac{s}{3}=u$, $\dfrac{t}{2}=v$ とおいて考える.

> **三角形の表し方**
> $\overrightarrow{OP}=s\overrightarrow{OA}+t\overrightarrow{OB}$ のとき,
> P が △OAB の　$\iff$ $\begin{cases} s\geqq0, \ t\geqq0 \\ s+t\leqq1 \end{cases}$
> 内部または周上

9 ベクトル 標準問題

334

BP : PE = s : $(1-s)$ とすると
$$\overrightarrow{AP}=(1-s)\overrightarrow{AB}+s\overrightarrow{AE}$$
$$=(1-s)\overrightarrow{AB}+s\cdot\frac{1}{3}\overrightarrow{AC} \quad\cdots\cdots\text{①}$$

DP : PC = t : $(1-t)$ とすると
$$\overrightarrow{AP}=(1-t)\overrightarrow{AD}+t\overrightarrow{AC}$$
$$=(1-t)\cdot\frac{1}{2}\overrightarrow{AB}+t\overrightarrow{AC} \quad\cdots\cdots\text{②}$$

ここで. $\overrightarrow{AB}$, $\overrightarrow{AC}$ は 1 次独立であるから, ①, ②より
$$\begin{cases} 1-s=\dfrac{1}{2}(1-t) \\ \dfrac{1}{3}s=t \end{cases}$$

これを解いて, $s=\dfrac{3}{5}$, $t=\dfrac{1}{5}$

ゆえに,
$$\overrightarrow{AP}=\frac{2}{5}\overrightarrow{AB}+\frac{1}{5}\overrightarrow{AC}$$

335

$2s+3t\leqq6$ より $\quad\dfrac{s}{3}+\dfrac{t}{2}\leqq1$

$\dfrac{s}{3}=u$, $\dfrac{t}{2}=v$ とおくと
$$u\geqq0,\ v\geqq0,\ u+v\leqq1 \quad\cdots\cdots\text{①}$$
$$\overrightarrow{OP}=3u\overrightarrow{OA}+2v\overrightarrow{OB}$$

よって, $\quad\overrightarrow{OP}=u\cdot3\overrightarrow{OA}+v\cdot2\overrightarrow{OB} \quad\cdots\cdots\text{②}$

①, ②より,
$\overrightarrow{OA'}=3\overrightarrow{OA}$, $\overrightarrow{OB'}=2\overrightarrow{OB}$
となる 2 点 A′, B′, すなわち,
A′(12, 3), B′(4, 6) をとる
と, 点 P の存在範囲は三角形
OA′B′ の内部および周上で
ある.

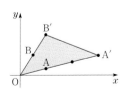

336

2 点 A$(0,\ 3,\ -5)$,
B$(3,\ -3,\ 4)$ を通る直線
と 球 面 $x^2+y^2+z^2=6$ と
の交点の座標を求めなさ
い.

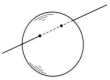

方針 直線 AB 上の点を P とすれば,
$$\overrightarrow{OP}=\overrightarrow{OA}+t\overrightarrow{AB}$$
と表せる.

▶P の座標を t で表し, それを球の方程式に代入して, t
の 2 次方程式を解く.

337

3 点 A$(1,\ -7,\ -3)$, B$(2,\ -6,\ -1)$, C$(2,\ -6,\ -4)$
を通る平面と原点との距離を求めなさい.

方針 平面ABC上の点を 2 つの媒介変数を用いて表
し, 垂直条件を用いる.

> **空間の平面**
> **平面 ABC上の点 P は**
> $$\overrightarrow{OP}=\overrightarrow{OA}+s\overrightarrow{AB}+t\overrightarrow{AC}$$
> **と表される.**

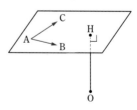

(★) $\overrightarrow{CB}=(0,\ 0,\ 3)$ を利用してもよい.

336

直線 AB 上の点を

$$\begin{pmatrix} x \\ y \\ z \end{pmatrix} = \overrightarrow{OA} + t\overrightarrow{AB} = \begin{pmatrix} 0 \\ 3 \\ -5 \end{pmatrix} + t \begin{pmatrix} 3 \\ -6 \\ 9 \end{pmatrix} = \begin{pmatrix} 3t \\ -6t+3 \\ 9t-5 \end{pmatrix} \quad \cdots\cdots ①$$

と表して，$x^2+y^2+z^2=6$ に代入すると

$$(3t)^2+(-6t+3)^2+(9t-5)^2=6$$
$$126t^2-126t+28=0$$
$$9t^2-9t+2=0$$
$$(3t-1)(3t-2)=0$$
$$t=\frac{1}{3}, \ \frac{2}{3}$$

これを①に代入すると，交点の座標は

$$(1, \ 1, \ -2), \ (2, \ -1, \ 1)$$

337

$\overrightarrow{AB}=(1, 1, 2)$, $\overrightarrow{AC}=(1, 1, -1)$

原点から平面 ABC におろした垂線の足を H とすると

$$\overrightarrow{OH}=\overrightarrow{OA}+s\overrightarrow{AB}+t\overrightarrow{AC}$$
$$= \begin{pmatrix} 1 \\ -7 \\ -3 \end{pmatrix} + s \begin{pmatrix} 1 \\ 1 \\ 2 \end{pmatrix} + t \begin{pmatrix} 1 \\ 1 \\ -1 \end{pmatrix}$$

と表せる．このとき，$\overrightarrow{AB} \perp \overrightarrow{OH}$ より $\overrightarrow{AB} \cdot \overrightarrow{OH}=0$

よって，

$$\begin{pmatrix} 1 \\ 1 \\ 2 \end{pmatrix} \cdot \left\{ \begin{pmatrix} 1 \\ -7 \\ -3 \end{pmatrix} + s \begin{pmatrix} 1 \\ 1 \\ 2 \end{pmatrix} + t \begin{pmatrix} 1 \\ 1 \\ -1 \end{pmatrix} \right\} = 0$$

$$-12+6s=0, \ s=2$$

同様に，$\overrightarrow{AC} \perp \overrightarrow{OH}$ より $-3+3t=0, \ t=1$

したがって，

$$\overrightarrow{OH}= \begin{pmatrix} 1 \\ -7 \\ -3 \end{pmatrix} + 2 \begin{pmatrix} 1 \\ 1 \\ 2 \end{pmatrix} + \begin{pmatrix} 1 \\ 1 \\ -1 \end{pmatrix} = \begin{pmatrix} 4 \\ -4 \\ 0 \end{pmatrix}$$

ゆえに，$|\overrightarrow{OH}|=\sqrt{4^2+(-4)^2+0^2}=4\sqrt{2}$

(参考) 平面 ABC の方程式は $x-y-8=0$ であり，

$$OH=\frac{|0-0+0-8|}{\sqrt{1^2+(-1)^2+0^2}}=\frac{8}{\sqrt{2}}=4\sqrt{2}$$

正規分布表

次の表は，標準正規分布の分布曲線における右図の $u(z)$ の面積の値をまとめたものである．

z	0.00	0.01	0.02	0.03	0.04	0.05	0.06	0.07	0.08	0.09
0.0	0.0000	0.0040	0.0080	0.0120	0.0160	0.0199	0.0239	0.0279	0.0319	0.0359
0.1	0.0398	0.0438	0.0478	0.0517	0.0557	0.0596	0.0636	0.0675	0.0714	0.0753
0.2	0.0793	0.0832	0.0871	0.0910	0.0948	0.0987	0.1026	0.1064	0.1103	0.1141
0.3	0.1179	0.1217	0.1255	0.1293	0.1331	0.1368	0.1406	0.1443	0.1480	0.1517
0.4	0.1554	0.1591	0.1628	0.1664	0.1700	0.1736	0.1772	0.1808	0.1844	0.1879
0.5	0.1915	0.1950	0.1985	0.2019	0.2054	0.2088	0.2123	0.2157	0.2190	0.2224
0.6	0.2257	0.2291	0.2324	0.2357	0.2389	0.2422	0.2454	0.2486	0.2517	0.2549
0.7	0.2580	0.2611	0.2642	0.2673	0.2704	0.2734	0.2764	0.2794	0.2823	0.2852
0.8	0.2881	0.2910	0.2939	0.2967	0.2995	0.3023	0.3051	0.3078	0.3106	0.3133
0.9	0.3159	0.3186	0.3212	0.3238	0.3264	0.3289	0.3315	0.3340	0.3365	0.3389
1.0	0.3413	0.3438	0.3461	0.3485	0.3508	0.3531	0.3554	0.3577	0.3599	0.3621
1.1	0.3643	0.3665	0.3686	0.3708	0.3729	0.3749	0.3770	0.3790	0.3810	0.3830
1.2	0.3849	0.3869	0.3888	0.3907	0.3925	0.3944	0.3962	0.3980	0.3997	0.4015
1.3	0.4032	0.4049	0.4066	0.4082	0.4099	0.4115	0.4131	0.4147	0.4162	0.4177
1.4	0.4192	0.4207	0.4222	0.4236	0.4251	0.4265	0.4279	0.4292	0.4306	0.4319
1.5	0.4332	0.4345	0.4357	0.4370	0.4382	0.4394	0.4406	0.4418	0.4429	0.4441
1.6	0.4452	0.4463	0.4474	0.4484	0.4495	0.4505	0.4515	0.4525	0.4535	0.4545
1.7	0.4554	0.4564	0.4573	0.4582	0.4591	0.4599	0.4608	0.4616	0.4625	0.4633
1.8	0.4641	0.4649	0.4656	0.4664	0.4671	0.4678	0.4686	0.4693	0.4699	0.4706
1.9	0.4713	0.4719	0.4726	0.4732	0.4738	0.4744	0.4750	0.4756	0.4761	0.4767
2.0	0.4772	0.4778	0.4783	0.4788	0.4793	0.4798	0.4803	0.4808	0.4812	0.4817
2.1	0.4821	0.4826	0.4830	0.4834	0.4838	0.4842	0.4846	0.4850	0.4854	0.4857
2.2	0.4861	0.4864	0.4868	0.4871	0.4875	0.4878	0.4881	0.4884	0.4887	0.4890
2.3	0.4893	0.4896	0.4898	0.4901	0.4904	0.4906	0.4909	0.4911	0.4913	0.4916
2.4	0.4918	0.4920	0.4922	0.4925	0.4927	0.4929	0.4931	0.4932	0.4934	0.4936
2.5	0.4938	0.4940	0.4941	0.4943	0.4945	0.4946	0.4948	0.4949	0.4951	0.4952
2.6	0.4953	0.4955	0.4956	0.4957	0.4959	0.4960	0.4961	0.4962	0.4963	0.4964
2.7	0.4965	0.4966	0.4967	0.4968	0.4969	0.4970	0.4971	0.4972	0.4973	0.4974
2.8	0.4974	0.4975	0.4976	0.4977	0.4977	0.4978	0.4979	0.4979	0.4980	0.4981
2.9	0.4981	0.4982	0.4982	0.4983	0.4984	0.4984	0.4985	0.4985	0.4986	0.4986
3.0	0.4987	0.4987	0.4987	0.4988	0.4988	0.4989	0.4989	0.4989	0.4990	0.4990

あとがき

ここまで読んでくださったみなさん，337 題がすっかり頭にはいってしまうまで，繰り返し読んでください．

〔数学II・B＋ベクトル 単問ターゲット 337〕木部陽一　S3b040